学ぶ人は、
変えて
ゆく人だ。

JN052012

〜〜続けるために、人は学ぶ。

「学び」で、

少しずつ世界は変えてゆける。

いつでも、どこでも、誰でも、

学ぶことができる世の中へ。

旺文社

大学入試

苦手対策！

場合の数
確率

に 強くなる問題集

箕輪 浩嗣 著

Obunsha

目　次

著 者 紹 介

箕輪 浩嗣 （みのわ ひろし）

岐阜県立岐阜高等学校卒.

東京大学理学部物理学科卒.

東京大学大学院理学系研究科物理学専攻修士課程修了.

駿台予備学校数学科講師，代々木ゼミナール講師.

ホクソム『大学入試問題解答集』執筆者.

著書に，『難関大学に出る 数学Ⅰ・Ａ・Ⅱ・Ｂ 解法の極意』（中経出版，絶版），

『真・解法への道！数学ⅠAⅡB』（東京出版）がある.

また，『全国大学入試問題正解 数学』（旺文社）の元執筆者でもある.

紙面デザイン：内津 剛（及川真咲デザイン事務所）

編集協力：内木雅野　　企画：青木希実子

は じ め に

本書は，場合の数・確率に関する問題をまとめて扱った問題集です．確率の学習のポイントは，第0章で詳しく解説しますが，次のようになります．

<確率の学習のポイント>
① 使用する記号や公式を厳選する
② 具体例を考える
③ 独自の方法ではなく，必須の手法を覚える

　私は高校時代は確率が大の苦手でした．「確率は数学ではない」といった負け惜しみめいたことを言っていた気もします．

　予備校講師になり，さすがに確率が苦手なままではまずいと思い，ゼロから勉強し直しました．安田亨先生の『ハッとめざめる確率』（略して『ハッ確』，東京出版）を購入し，まさに目が覚めました．他社の参考書を紹介するのもどうかと思いましたが，本当のことですから仕方ありません．本書は『ハッ確』が難しくて読めない人向けの「ハッ確への確率」を目指して執筆しました．

　予備校講師としての私の経験から言えるのですが，確率が得意な受験生は多くはいません．むしろ苦手なのに，その意識が希薄な受験生が目立ちます．なんとなく立式しても，たまたま答えが合うことがあるからです．それでは本当の意味での確率の力はついていません．まずは自分の力を正しく認識しましょう．今，苦手なのは全く問題ありません．これまで学んできたことをいったんリセットして，一から積み上げていけばよいのです．本書を読み進めていけば，その積み上げ作業がスムーズに行えるでしょう．確率が苦手であった自分を懐かしく思える日が来るはずです．

箕輪　浩嗣

本 書 の 構 成

■　本冊　問題

check ▷▷▷▶

　各テーマごとに，問題を解くために必要な公式や重要事項を確認することができます.

例題 ■■▶ 練 習 問 題

　入試問題を中心に，基本をおさえられ，かつ，応用力が身につくような学習効果の高い問題を選びました.

■　別冊　解答

練習問題の解答

　練習問題を解き終えたら，最終的な答えが合っているかどうかだけでなく，自分の解答に足りない点がないかどうかまで確認しましょう. また，**Point** にも目を通しましょう. 間違えた問題には印をつけておき,数日後に解きなおしましょう. 解けるようになるまで続けることが大切です.

別 解

　別解を知ることが，問題を解くときの柔軟な発想へとつながります.

JUMP UP!

　解答とは異なる着眼点，やや発展的な内容などを扱っています. ここに目を通すことで，さらに理解が深まります.

　※本書では，入試問題の問題文の一部を改めている場合があります.

0　確率を得意にするコツ

☞

ここが大事！　「確率」を勉強する上での心構えを最初に述べておきます．他の分野と違い独特の雰囲気がある「確率」ですから，対策も他の分野とは少し違います．

　確率が苦手であった私がどのようにして克服したか，特に重視してきたポイントを挙げておきましょう．最初に大目標を掲げておきます．それは

確信を持って立式する

ことです．私が見てきた多くの受験生は「なんとなく」式を立てています．結果的にたまたま答えが合うことはありますが，少し問題の設定が変わると途端に破綻してしまいます．「このように数えるから式はこうなる」という根拠が重要です．最初はそこをごまかさず，1つ1つ確認しながら進めていくことです．

　それでは具体的に何を意識するとよいかについて，3点挙げておきます．

---

check ▷▷▷▷　使用する記号や公式を厳選する

　高校時代の私を含め，確率が苦手な人に共通する悩みが，「$_nP_r$ か $_nC_r$ かどちらを使うのか判断できない」というものです．「そう，それそれ！」と思った人は間違いなくこの本が合っています😊

　ちなみにこの悩みはすぐに解決します．それは $_nP_r$ を使わないことです．「そんな答えありなの？」と言う人もいそうですが，あります．教科書に書いてあるものはすべて使うべきだという先入観がありますから，意外と盲点なのです．誤解しないでください．すべて $_nC_r$ で済ますと言っているのではありません．詳しくは

2 順列（▶P.12）で解説しますが，順列は $_nP_r$ を使わずに立式します．

　なお，私は階乗 $n!$ と組合せ $_nC_r$ しか記号は使いません．私自身，$_nP_r$ を封印したことが「確率のめざめ」につながったと確信しています．

　公式についても同様です．例えば円順列の公式 $(n-1)!$ や反復試行の確率の公式 $_nC_rp^r(1-p)^{n-r}$ は基本的な問題でしか使えません．そのような公式は覚えても無駄です．覚えるべき記号や公式をギリギリまで制限し，常に考えながら立式することを心がけましょう．

check ▷▷▷▶ 　具体例を考える

　確率は他の分野に比べて，問題文を読み違えるリスクが高いです．区別をするか しないか，元に戻すか戻さないか，など，設定によって考え方が大きく変わる問題 が多く，安易に過去に自分が解いた問題と同じ設定であると錯覚してしまうことが あります．そのようなミスを防ぐには具体例を考えることです．正しい具体例を作 るためには，まず問題文をきちんと読まなければなりません．そうすれば，自然と 題意を正しくとらえられるようになります．また，具体例を作る際には意外と頭を 使います．「数字を決めてから色を選ぶ」など，その例を作ったプロセスをたどり， その通りに立式すればよいのです．

check ▷▷▷▶ 　独自の方法ではなく，必須の手法を覚える

　確率が苦手な人に限って，独りよがりな方法で解こうとします．自戒も込めて厳 しいことを言いますが，普通の人が思いつくようなことは先人の誰かが考えている はずです．正しくない，もしくはうまい方法ではないがために淘汰され，世間に広 まっていないだけなのです．

　確率以外の分野でも同じですが，偉大な先人の知恵を借りることです．「このタ イプの問題ではこのように数えると効率がよい」という必須の手法がいくつか知ら れています．そのような方法を納得して覚え，自分で使えるようにすることです．

　以上を踏まえて，次節からの解説を読んでください．まわりくどく感じる説明も あるかもしれませんが，それをごまかさずにきちんと納得することで，入試問題の ような応用問題に立ち向かう力がつくのです．私自身がそのようにして確率の問題 を解く力を身に付け，確率が楽しく感じられるまでになりました．「確率」に対して 「確信」を持てる，そして確率を楽しむことを目指しましょう．

1　集合の要素の個数

ここが大事！　場合の数を求める際の基礎になる集合の要素の数え方です．考えにくいときにはベン図を利用します．

1　集合とその要素

ものの集まりを $\boxed{\text{ア}}$ といい，それを構成しているものを $\boxed{\text{イ}}$（または元）といいます．集合の要素は｛ と ｝（中括弧）で囲んで表します．

例えば，10 以下の自然数の集合 A は

$$A = \{1,\ 2,\ 3,\ 4,\ 5,\ 6,\ 7,\ 8,\ 9,\ 10\}$$

のように要素を列挙するか

$$A = \{x \mid x \text{ は 10 以下の自然数}\}$$

のように｜の左側に要素を代表するものを，右側にその説明を書きます．

ア	集合
イ	要素
ウ	$A \cap B$
エ	$A \cup B$
オ	補集合
カ	$\overline{A}$
キ	$\{2,\ 4\}$

2 つの集合 A, B を考えます．A かつ B，すなわち A, B の共通部分を $\boxed{\text{ウ}}$ と表します．A または B，すなわち A, B の和集合を $\boxed{\text{エ}}$ と表します．

どうでもいいことですが，私は高校時代からこれらの記号を連想ゲームのように覚えています．

　　　∩ → ∧ → 尖っている → 厳しいイメージ → 「かつ」

　　　∪ → 両手で下から優しく包み込んでいる → 甘いイメージ → 「または」

です．やや強引ですね😊

全体集合 U に対し，U の要素のうち，集合 A に含まれない要素の集合を，U に関する A の $\boxed{\text{オ}}$ といい，$\boxed{\text{カ}}$ と表します．

例えば，$U = \{1,\ 2,\ 3,\ 4,\ 5\}$，$A = \{1,\ 3,\ 5\}$ のとき，$\overline{A} = \boxed{\text{キ}}$ です．

2 集合と事象，補集合と余事象

確率用語についての細かい話です．最初は読み飛ばしてもらって結構です．

結果が偶然によって決まる実験や観測を [ク] といい，その結果起こる事柄を [ケ] といいます．「さいころを1回振る」は，結果が偶然によって決まりますから「試行」であり，「1の目が出る」は，その試行の結果ですから「事象」です．

事象AとBが同時に起こるという事象を [コ] と表し，事象AとBの少なくとも一方が起こるという事象を [サ] と表します．また，全事象Uに対し，事象Aが起こらないという事象をAの [シ] といい，[ス] と表します．

さらに，事象A，Bが同時に起こることがないとき，事象A，Bは互いに [セ] であるといいます．

記号は集合と同じです．また，集合も事象も，同じベン図で表すことができます．

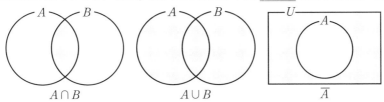

$A \cap B$ 　　　　$A \cup B$ 　　　　$\overline{A}$

check ▷▷▷▶　**集合と事象は同一視できる**

例えば，さいころを1回振るときに「1の目が出る」という事象は $\{1\}$ という集合に対応付けられます．

このため，「余事象」，「排反」という，本来「事象」に対して使う用語を「集合」に対して用いるような"誤用"がよく見られます．正しくは「補集合」，「共通部分（重複）がない」です．しかし，私は予備校の授業で敢えて"誤用"することがあります．厳密性よりも分かりやすさを優先したいからです．賛否両論はあるでしょうが，本書では正しい表現とともに，分かりやすい"誤用"も併記しておきます．

3 集合の要素の個数

集合Aの要素の個数を$n(A)$と表します．場合の数の問題は集合の要素の個数を求める問題に対応しますから，この記号はよく使います．

> check ▷▷▷▶ 　$n(A \cup B) = n(A) + n(B) - n(A \cap B)$

集合AとBに共通部分があるとき，単純に2つの集合の要素の個数をたして

$$n(A \cup B) = n(A) + n(B) \quad \cdots\cdots ①$$

とはなりません．先程のベン図を思い出しましょう．

$n(A) + n(B)$では$n(A \cap B)$の分を2回たしてしまいますから，1回分を引いて帳尻を合わせます．

$$◖◗ = ◯ + ◯ - ◗$$

のイメージです．

もしAとBに共通部分がなければ，①で計算できます．

一般に，場合分けして場合の数を求める際には，<u>重複することがないか（排反か）どうか</u>を意識することが重要です．

> 例題 1　10以下の自然数のうち，奇数または4の倍数であるものの個数を求めよ．

10以下の自然数のうち，奇数の集合をA，4の倍数の集合をBとします．今回は10以下の自然数ですから，集合の要素を列挙するのが簡単で

$$A = \{1,\ 3,\ 5,\ 7,\ 9\},\ B = \{4,\ 8\}$$

です．AとBには共通の要素がありませんから，$n(A \cap B) = 0$であり，求める個数は

$$n(A \cup B) = n(A) + n(B) = 5 + 2 = \boxed{ソ}$$

です．

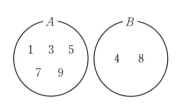

ソ 7

> 例題 2　10以下の自然数のうち，奇数または3の倍数であるものの個数を求めよ．

10 以下の自然数のうち，奇数の集合を A，3 の倍数の集合を C とします.

$$A=\{1,\ 3,\ 5,\ 7,\ 9\},\quad C=\{3,\ 6,\ 9\}$$

ですから，A と C には共通の要素があり

$$A\cap C=\{3,\ 9\}$$

です．よって，◎＝○＋○－◌ のイメージで計算し，求める個数は

$$n(A\cup C)=n(A)+n(C)-n(A\cap C)=5+3-2=\boxed{}^{夕}$$

$$\boxed{\text{夕}\ 6}$$

です.

なお，補集合の要素の個数には，次の公式があります．これは明らかでしょう．

---

check ▷▷▷▷ $\boldsymbol{n(\overline{A})=n(U)-n(A)}$

■➡ 練 習 問 題 ▮ ▮ ▮ ▮ ▮

① ▶解答 P.1

集合 A，B が全体集合 U の部分集合であるとする．集合の要素の個数は $n(U)=80$，$n(A)=50$，$n(B)=38$，$n(A\cup B)=70$ であるとする．このとき，次の値を求めよ． (釧路公立大)

(1) $n(\overline{A}\cap\overline{B})$

(2) $n(\overline{A}\cup\overline{B})$

② ▶解答 P.1

40 人の生徒のうち，電車通学の生徒は 16 人であり，バス通学の生徒は 22 人である．また，バスも電車も使わずに通学している生徒は 6 人である．このとき，電車とバスを両方使って通学している生徒は $\boxed{}^{ア}$ 人であり，電車を使わずにバス通学している生徒は $\boxed{}^{イ}$ 人である． (中部大)

2　順列

ここが
大事！
順列は「$_nP_r$」の記号を使わず，樹形図をイメージして直接立式します．

1　順列と樹形図

いくつかのものを順序を区別して一列に並べたものを順列といいます．「区別する」は今後，何度も出てくる言葉ですから，念のために確認しておきます．

---

check ▷▷▷▷　「区別する」とは「異なるものとみなす」という意味

「順序を区別する」とは「順序が違えば異なるものとみなす」ということです．例えば，ABC と ACB は使っている文字はともにAとBとCで同じですが，順序が違いますから，異なる順列です．

では，非常に基本的な問題から始めます．

例題　3　A，B，C，D，E の5人から2人選んで一列に並べる順列は何通りあるか．

下のように，番号の付いた2つの席があり，2人を選んで座らせると考えます．

| 1 | 2 |

1の席に座るのは，A，B，C，D，E の「ア」　通り．

2の席に座るのは，1の席に座った人以外で「イ」　通り．

ア 5
イ 4

ここまではいいでしょう．あとはこれらの数をどう処理するかです．「たす」のか「かける」のか．

「または」は「たす」，「かつ」は「かける」といった丸暗記の方法がありますが，そんな覚え方は感心しませんし，そもそも丸暗記に頼るまでもありません．

次のページにあるような図を想像しましょう．樹木の枝分かれに似ていますから樹形図といいます．1本目の枝は5本ありますが，それぞれから4本の枝が伸びています．左から順に枝をたどっていくと，2人の座り方が1つ決まります．例えば図の太い枝をたどると，BD という順列になります．よって，2人の座り方の数は

枝のたどり方の数に等しいですから，その数を求めます．

　繰り返しになりますが，1本目の枝は5本あり，それぞれから4本の枝が伸びています．「たす」か「かける」か悩むところではありません．当然かけます．求める順列は

（通り）

です．

ウ　20

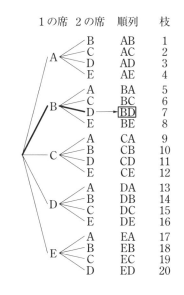

1の席	2の席	順列	枝
A→B		AB	1
A→C		AC	2
A→D		AD	3
A→E		AE	4
B→A		BA	5
B→C		BC	6
B→D		BD	7
B→E		BE	8
C→A		CA	9
C→B		CB	10
C→D		CD	11
C→E		CE	12
D→A		DA	13
D→B		DB	14
D→C		DC	15
D→E		DE	16
E→A		EA	17
E→B		EB	18
E→C		EC	19
E→D		ED	20

第1章　場合の数

check ▷▷▷▶　「たす」か「かける」かの判断は算数と同じ！

　くれぐれも難しく考えないでください．おそらく算数の問題で「たす」か「かける」かを迷う人はいないのではないでしょうか．それと同じレベルの内容です．今回の問題で 5+4=9 としてしまう人は樹形図を想像していないだけです．

　なお，「たす」のは重複がないように場合分けしたときです．例えば， 例題 3 で，1の席に誰が座るかで場合分けします．A が座るとき，2に座るのは4通りあります．B が座るときも4通りです．C，D，E が座るときも同様です．全部で何通りあるかという問題です．これらは重複しませんから，単に和をとればよく

　　　4+4+4+4+4=20（通り）

です．

例題 4　A，B，C，D，E の5人から3人選んで一列に並べる順列は何通りあるか．

　3人になっても同じです．下のように，番号の付いた3つの席があり，3人を選んで座らせると考えます．

1	2	3

　　1の席に座るのは，A，B，C，D，Eの［エ］通り．

　　2の席に座るのは，1の席に座った人以外で［オ］通り．

　　3の席に座るのは，1，2の席に座った人以外で［カ］通り．

エ　5
オ　4
カ　3
キ　60

　　右のような樹形図をイメージします．2人の場合に比べて，3の席用の枝が追加されているだけです．枝のたどり方の数を考えると，求める順列は

$$\boxed{エ}\cdot\boxed{オ}\cdot\boxed{カ}=\boxed{キ}\,(通り)$$

です．

　　ちなみに，教科書では，異なる n 個から r 個選んで並べる順列の個数は

$$_n\mathrm{P}_r=\underbrace{n(n-1)(n-2)\cdots\cdots(n-r+1)}_{r\text{個の積}}\,(通り)$$

としており，順列の記号 $_n\mathrm{P}_r$ を用いています．今回の問題では

$$_5\mathrm{P}_3=5\cdot4\cdot3=60\,(通り)$$

とできます．しかし疑問に感じませんか．立式の意味を考えれば $5\cdot4\cdot3$ からスタートするのが自然ですから，「$_5\mathrm{P}_3=$」の部分は必要ないはずです．後で説明する組合せの記号 $_n\mathrm{C}_r$ と紛らわしいだけで，特に $_n\mathrm{P}_r$ を使うメリットはありません．

---

check ▷▷▷▷　　**教科書の内容を鵜呑みにしない**

　　数学全般に言えることですが，教科書に載っていることをそのまま受け入れるのは正しくありません．教科書にも適切とは言えない説明がありますし，効率の悪い考え方，公式なども紹介されています．その一方で，教科書に載っていなくても非常に有用な知識はたくさんあります．

　　今回の $_n\mathrm{P}_r$ が典型的で分かりやすい例です．少なくとも私は $_n\mathrm{P}_r$ を封印したことで困ったことは何一つありません．安心して封印してください．

2　階　乗

例題 **4** を少し変えます．

例題 5　A，B，C，D，E の 5 人全員を一列に並べる順列は何通りあるか.

今度は 5 人のうちの一部ではなく，5 人全員を並べます．番号の付いた 5 つの席を想像しましょう.

| 1 | 2 | 3 | 4 | 5 |

例題 4 と同様に考えると

$$5 \cdot 4 \cdot 3 \cdot 2 \cdot 1 = \boxed{\text{ク}} \text{（通り）}$$

ク 120
ケ 5!

となります．この 5 つの数の積を $\boxed{\text{ケ}}$ と表し，「5 の階乗」と読みます．「ご，ビックリマーク」ではありません.

一般に，異なる n 個のものを一列に並べる順列の個数は

$$n! = n(n-1)(n-2)\cdots 2 \cdot 1 \text{（通り）}$$

です．また，便宜上 $\underline{0! = 1}$ と定義します.

階乗 $n!$ は $_nP_r$ と違って汎用性が高いため，積極的に使います．また，実際の計算では最後の 1 は無駄ですから，例えば $6! = 6 \cdot 5 \cdot 4 \cdot 3 \cdot 2 = 720$ と 1 を省略して計算すればよいでしょう.

計算練習です.

$$4! = \boxed{\text{コ}}, \qquad 7! = \boxed{\text{サ}}$$

コ 24
サ 5040

ちなみに私は $\underline{5! = 120}$ を覚えていて，例えば 7! であれば，頭の中で

$$6! = 6 \cdot 5! = 6 \cdot 120 = 720, \qquad 7! = 7 \cdot 6! = 7 \cdot 720 = 5040$$

のように計算しています.

3　特殊な条件があるとき

順列の問題の中には，並べる場所によって条件がつくものがありますが，そのような問題を解く上で大事なことがあります.

check ▷▷▷▷　順列は条件が強いところから考える

例題 6　4 つの数字 0，1，2，3 を 1 回ずつ使ってできる 4 桁の数の個数を求めよ.

　異なる4つの数字の順列ですから，$4!=4\cdot3\cdot2=24$ としてしまいそうですが，そうではありません．この24個の中には 0123，0132 などの，先頭に 0 がくる数が含まれており，それらは4桁の数ではありません．

　4桁の数を

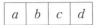

とすると，a は シ 以外の数字です．一方，b，c，d は，0 も含め，どの数字でも構いません．最も条件が強いのは a です．

　そこで，まず a から考えます．a は 1，2，3 のいずれかですから，

ス 通りです．次に b は，a 以外ですから，セ 通りです．例えば a が 1 の場合は 0，2，3 のいずれかです．0 も許されることに注意しましょう．同様に，c は，a，b 以外ですから，ソ 通り，d は，a，b，c 以外ですから，タ 通りです．

　よって，求める個数は

です．

シ	0
ス	3
セ	3
ソ	2
タ	1

| チ | 18 |

　なお，a を考えた後，b，c，d の決め方は，a 以外の3個の数字の順列ですから，3! 通りです．よって，$3\cdot3!=3\cdot6=18$ としてもよいです．

　また，今回さりげなく各位の数を文字でおいています．この「文字でおく」手法はかなり使えます．特に，記述の試験では答案が書きやすくなります．ぜひ身に付けましょう．

練　習　問　題

3 ▶解答 P.2

　1，2，3，4，5 を1回ずつ使って作られる5桁の数のうち，一の位が1でなく，かつ十の位が2でないような数は全部で何個あるか．　　　　　（小樽商科大）

4 ▶解答 P.4

　0，1，2，3，4，5，6 の7個の数字から，異なる4個を選び出して並べ，4桁の整数を作るとき，3600 より大きい奇数は何個あるか．　　　　　（藤田医科大）

3 組合せ

ここが大事！ 組合せは $_nC_r$ の記号を使いますが，意味を理解しておきましょう.

1 組合せと $_nC_r$

いくつかのものを順序を区別しないで取り出したものを組合せといいます．順序を区別しませんから，組の中に何が含まれているかだけに着目するのです．例えば，ABC と ACB は順序を区別しなければ同じ組ですが，ABC と ACD は順序を区別しなくても含まれる文字が違いますから，異なる組です.

やはり，非常に基本的な問題から始めます.

例題 7 A，B，C，D，E の 5 人から 3 人選ぶ組合せは何通りあるか.

組合せは順列とは違い，順序を区別しないことが重要です.

check ▷▷▷▷ （順序に）区別がない問題は，区別がある問題に帰着させる

順序に区別がある問題，すなわち順列の問題であれば，$5 \cdot 4 \cdot 3$ 通りです．この後，順序の区別をなくします.

例えば，$5 \cdot 4 \cdot 3$ 通りの中に A，B，C を含む順列は

ABC，ACB，BAC，BCA，CAB，CBA　……①

の 6 通りあります．順列では順序を区別しますから，$5 \cdot 4 \cdot 3$ 通りの中で①は 6 通りと数えられています．一方，順序の区別をなくすと，①はすべて A，B，C からなる組ですから同じ組で，1 通りと数えます．本来 1 通りとすべきところを 6 通りと数えていることになります．他の文字を使った場合も同様ですから，$5 \cdot 4 \cdot 3$ 通りではすべての組合せが 6 倍に数えられているわけです．よって，6 で割れば正しい組合せの数になります．つまり

$$\frac{5 \cdot 4 \cdot 3}{6} \text{（通り）}$$

となりますが，もう一声です．そもそも，この 6 は何の 6 でしょうか．①を見れば気が付きますが，これは A，B，C の 3 文字を一列に並べた順列の個数です．つま

り $\boxed{ア}$ の 6 ですから

$$\frac{5 \cdot 4 \cdot 3}{\boxed{ア}} \text{（通り）}$$

$\boxed{\begin{array}{l} ア\ 3! \\ イ\ 10 \end{array}}$

と書けます．これを計算すると， $\boxed{イ}$ 通りとなります．

---

check ▷▷▷▶　いったん順序を区別して考え，その後区別をなくす

　今後，何度もこれと似た考え方が出てきます．このような基本的な問題で納得しておくと，後が楽です．

　なお

$$\frac{5 \cdot 4 \cdot 3}{3!} = {}_5C_3$$

と表します．一般に

---

check ▷▷▷▶　異なる n 個から r 個選ぶ組合せは

$${}_nC_r = \frac{n(n-1)(n-2)\cdots\cdots(n-r+1)}{r!} \text{（通り）}$$

　細かいことですが，上の式は $r \geqq 1$ のときです． $r = 0$ のときは 1，すなわち ${}_nC_0 = 1$ と定義します．

　このように文字を使って書くと分子がややこしく見えますが，異なる n 個から r 個選んで並べる順列の個数ですから， n から 1 ずつ減っていく r 個の数の積です．あくまで上の式の $5 \cdot 4 \cdot 3$ の一般化です．

　組合せの記号 ${}_nC_r$ は，階乗のみで表すこともできます．例えば

$${}_5C_3 = \frac{5 \cdot 4 \cdot 3}{3!} = \frac{5 \cdot 4 \cdot 3 \cdot (2 \cdot 1)}{3! \cdot (2 \cdot 1)} = \frac{5!}{3!\,2!}$$

と表せます．分子の積が階乗になるように，残りの数の積を補うイメージです．

　一般に，次の式が成り立ちます．

---

check ▷▷▷▶　 ${}_nC_r = \dfrac{n!}{r!(n-r)!}$ 　（階乗表現）

「階乗表現」は私が勝手に付けた名前です😊 文字を含む場合はこの形を用いることがありますから，覚えておきましょう．

2 $_nC_r$ の計算

7人から3人選ぶ組合せは何通りあるか．また，7人から4人選ぶ組合せは何通りあるか．

念のため，場合の数の問題を解く上での大前提の確認です．

> check ▷▷▷▶ 　人は必ず区別する

今回は7人に A，B，C，…などの名前が付けられていませんが，人は区別します．以前，ある大学の入試問題で，「人は区別しないものとする」という設定があり，衝撃を受けました．行き過ぎた平等主義のなれの果てですかね😊 少なくともそれは例外中の例外です．何も断りがなければ人は区別してください．

組合せの記号 $_nC_r$ を用いて処理しましょう．7人から3人選ぶ組合せは

$$\boxed{ウ}C\boxed{エ}=\frac{7\cdot6\cdot5}{3\cdot2}=\boxed{オ}\text{（通り）}$$

であり，7人から4人選ぶ組合せは

$$\boxed{カ}C\boxed{キ}=\frac{7\cdot6\cdot5\cdot4}{4\cdot3\cdot2}=\boxed{ク}\text{（通り）}$$

ウ 7	エ 3
オ 35	カ 7
キ 4	ク 35

です．このように，分母の階乗は最初から積の形で書いておくと効率がよいです．やはり，最後の1は書きません．

さて，この結果を見て何か気が付きませんか．そうです．$_7C_3$ と $_7C_4$ は同じ値です．これは偶然ではありません．

$_7C_3$ は7人から3人選ぶ組合せです．7人を A，B，C，D，E，F，G とし，選ばれる人を○，選ばれない人を×で表すと，例えば下のようになります．

A B C D E F G
× ○ ○ × × ○ × → B，C，F

$_7C_3$ は7人の中から○が付く3人の組合せの個数を求めているのです．しかし見方を変えると，×が付く4人の組合せの個数を求めているとも言えますね．この数は $_7C_4$ に一致します．よって，$_7C_3=_7C_4$ です．「選ばれる」3人の組合せの個数 $_7C_3$ は「選ばれない」4人の組合せの個数 $_7C_4$ に等しいというわけです．

> check ▷▷▷▶ 　組合せの記号の公式　${}_n\mathrm{C}_r = {}_n\mathrm{C}_{n-r}$　……⊛

　今後，頻繁に出てきますから，組合せの記号の計算に慣れておきましょう．${}_n\mathrm{C}_r$ において，r よりも $n-r$ の方が小さくなる場合は公式⊛を使う方が楽です．

例題 9 　${}_8\mathrm{C}_3$，${}_9\mathrm{C}_5$，${}_{10}\mathrm{C}_5$，${}_6\mathrm{C}_0$，${}_6\mathrm{C}_6$ の値をそれぞれ求めよ．

　${}_8\mathrm{C}_3$ は公式⊛を使っても ${}_8\mathrm{C}_5$ になって，かえって計算量が増えてしまいますから，普通に計算します．

$$ {}_8\mathrm{C}_3 = \frac{8 \cdot 7 \cdot 6}{3 \cdot 2} = \boxed{\text{ケ}\quad} $$

です．慣れてくると頭の中で約分できるようになります．

ケ	56
コ	126
サ	252
シ	1
ス	1

　${}_9\mathrm{C}_5$ は公式⊛を使うと ${}_9\mathrm{C}_4$ に等しく，計算量が軽減できます．

$$ {}_9\mathrm{C}_5 = {}_9\mathrm{C}_4 = \frac{9 \cdot 8 \cdot 7 \cdot 6}{4 \cdot 3 \cdot 2} = \boxed{\text{コ}\quad} $$

です．

　${}_{10}\mathrm{C}_5$ は公式を使っても ${}_{10}\mathrm{C}_5$ のままですから，普通に計算します．

$$ {}_{10}\mathrm{C}_5 = \frac{10 \cdot 9 \cdot 8 \cdot 7 \cdot 6}{5 \cdot 4 \cdot 3 \cdot 2} = \boxed{\text{サ}\quad} $$

です．分子の 6 と分母の $3 \cdot 2$ を一気に消すなど，効率よく約分しましょう．

　${}_6\mathrm{C}_0$ は定義を用いて

$$ {}_6\mathrm{C}_0 = \boxed{\text{シ}\quad} $$

です．

　${}_6\mathrm{C}_6$ は公式⊛を用いてもよいですが，異なる 6 個から 6 個選ぶ組合せの個数ですから，明らかに

$$ {}_6\mathrm{C}_6 = \boxed{\text{ス}\quad} $$

です．

5 ▶解答 P.5

箱の中に 1 から n までの数字が 1 つずつかかれた n 枚のカードがある．ただし，$n \geqq 3$ とする．この箱の中から 1 枚のカードを取り出して，数字を確かめてからもとにもどす．この試行を 3 回繰り返し，1 回目，2 回目，3 回目に取り出したカードの数字をそれぞれ X, Y, Z とするとき，次の各問いに答えよ．　　　　（早稲田大・改）

(1)　$X = Y < Z$ になる場合の数を求めよ．

(2)　X, Y, Z のうち，少なくとも 2 つが等しい場合の数を求めよ．

(3)　$X < Y < Z$ になる場合の数を求めよ．

6 ▶解答 P.6

1 から 30 までの整数の中から異なる 3 つを選ぶとき，次のような選び方が何通りあるか答えよ．　　　　（釧路公立大）

(1)　最大の数が 18 以下で，最小の数が 7 以上

(2)　最大の数が 23

(3)　最大の数が 12 以上

(4)　すべて素数

7 ▶解答 P.7

右図のような正十角形の各頂点から 3 個の頂点を選んで三角形を作るとき，正十角形と 1 辺だけを共有する三角形は全部で ┃ ア ┃ 個あり，正十角形と 1 辺も共有しない三角形は全部で ┃ イ ┃ 個ある．

また，二等辺三角形は全部で ┃ ウ ┃ 個あり，直角三角形は全部で ┃ エ ┃ 個，鈍角三角形は全部で ┃ オ ┃ 個ある．　　　　（明治薬科大・改）

4 隣り合う，隣り合わない

ここが大事！ 汎用性の高い必須の手法を学びます．自己流の数え方を考えるのではなく，先人の知恵を借りましょう．

1 隣り合う

順列，組合せの問題では，いろいろな条件が付く場合があります．典型的なものは，いくつかのものが隣り合うという条件です．

> **例題 10** A，B，C，D，Eの5人を一列に並べるとき，AとBが隣り合う順列は何通りあるか．

AとBが隣り合うという条件がなければ，単純に $5!=120$（通り）です．もちろん，この中には

　　ACBDE，ACDEB

などのように，AとBが隣り合わないものが含まれます．「AとBが隣り合う」のをどう再現するかを考えます．

---

check ▷▷▷▷　隣り合うものをかたまりとみなす

隣り合うということは<u>くっついて離れない</u>イメージですから，最初から1つのかたまりとみなします．今回はAとBをまとめて1つのかたまり（1文字）とみなし，まず

　　$\boxed{AB}$，C，D，E

の4つの文字の順列を考えます．

　　$\boxed{AB}$ CDE，C $\boxed{AB}$ DE，……

などの順列があり，この数は $\boxed{\text{ア}}=24$（通り）です．

> **ア** $4!$

しかし，これが答えではありません．ここが間違えやすいポイントです．AとBをまとめて1つのかたまりとみなすとき，上では $\boxed{AB}$ を考えましたが，AとBの左右を逆にした $\boxed{BA}$ もあるのです．$\boxed{AB}$ を含む順列と $\boxed{BA}$ を含む順列は異なりますから

BA, C, D, E

の 4 文字の順列も考えなければなりません. この数も $\boxed{}^{\text{ア}}$ 通りですから, 答えは

$$\boxed{}^{\text{ア}} \cdot 2 = \boxed{}^{\text{イ}} \,(通り)$$

イ 48

となります.

---

check ▷▷▷▶ 　かたまりの中身の順列も考える

　なお, 最後にかけた 2 は, A と B の 2 文字を一列に並べる順列の個数の 2! ですから, 実戦的には

$$4! \cdot 2! = 48 \,(通り)$$

と計算すればよいです.

　また, AA のように, かたまりの中身に区別がないときには, 中身の順列は考えません.

2　隣り合わない

　今度は逆に, いくつかのものが隣り合わない条件を考えてみましょう.

例題 11 　A, B, C, D, E の 5 人を一列に並べるとき, A と B が隣り合わない順列は何通りあるか.

　A と B が隣り合わないように順列の作り方を工夫します.

---

check ▷▷▷▶ 　残りを先に並べ, その間と両端に入れる

　まず, A, B 以外の 3 人を一列に並べます. その順列は

ウ 3!

$\boxed{}^{\text{ウ}} = 6\,(通り)$ あります. 例えば, 下のように C, D, E の順に

並べたとしましょう.

$$^\vee C^\vee D^\vee E^\vee \qquad A, B$$

C と D の間, D と E の間の 2 カ所と, 両端の 2 カ所に $^\vee$ という印を付けました.

　印の付いた4カ所のどこかにAとBを1つ
ずつ入れると考えます．こうすることでAと
Bが隣り合うことはありません．

```
A   B
↓   ↓
  C  D  E  ➡  A C B D E
```

A，BをC，D，Eの間か両端に
入れることで，AとBが隣り合わ
ない順列ができる

　なお，この4カ所にはそれぞれ文字が1つ
ずつしか入らないことに注意しましょう．あ
る1つの場所にA，Bの両方が入るというこ
とはありません．定員は1名ということです．
最初は

$$①C②D③E④ \qquad A, B$$

のように番号を付けてもよいでしょう．①〜④のどこかにA，Bを入れます．

　A，Bの順に入れるとすると，Aの入る場所は4通り，Bの入る場所はAが入る
場所以外の3通りですから，A，Bの入れ方は $\boxed{\text{エ}} \cdot \boxed{\text{オ}} = 12$（通り）
です．

　よって，求める順列は

$$\boxed{\text{ウ}} \cdot \boxed{\text{エ}} \cdot \boxed{\text{オ}} = \boxed{\text{カ}} \text{（通り）}$$

です．

> エ 4
> オ 3
> カ 72

　後半の4・3通りは，組合せの$_4C_2$通りでは
ないことに注意です．AとBには区別があ
りますから，例えばAが①に入りBが②に入
る場合と，Aが②に入りBが①に入る場合は
それぞれ

```
A   B
↓   ↓
  C  D  E  ➡  A C B D E
B   A
↓   ↓
  C  D  E  ➡  B C A D E
```

　　ACBDE，BCADE

の順列になります．この2つは当然，異なる順列として数えます．

---

check ▷▷▷▶　迷ったら具体例を考える

　このように，もし選ぶ順序の区別がつくのか（今回では①，②の順に選ぶ場合と，
②，①の順に選ぶ場合の区別がつくのか）分かりにくければ，具体例を考えること
です．実際に2通りの順列を作ってみて，異なる順列になるか同じ順列になるかで
判断します．異なる順列であれば順序の区別がつき，同じ順列であれば順序の区別
はつきません．「順列か組合せのどっちだろう．う〜ん，組合せ！」というようなイ
チかバチかではいけません．少し立ち止まって具体例を考えるだけで解決します．

8 ▶解答 P.11

白色と赤色の球がそれぞれ8個ずつある．ここで，白色と赤色の球それぞれについては，球の区別をしないとする．これらの中から球を選び，赤色の球が隣り合うことは無いようにして，合計8個を横一列に並べる．ただし，少なくとも1個は赤色の球を選ぶこととする．このとき，球の並べ方は　ア　通りある．そのうち，白色の球4個と赤色の球4個のときの球の並べ方は　イ　通りある．　（中部大）

9 ▶解答 P.12

1から3までの各数字を1つずつ記入した赤色のボール3個と，1と2の各数字を1つずつ記入した青色のボール2個と，1と2の各数字を1つずつ記入した黒色のボール2個がある．これら7個のボールを横一列に並べる作業を行う．

（大阪経済大・改）

(1)　7個のボールの並べ方は全部で　ア　通りある．

(2)　3個の赤色のボールが連続して並ぶような並べ方は　イ　通りある．

(3)　2の数字が書かれたボールが両端にあるような並べ方は　ウ　通りある．

(4)　両端のボールの色が異なるような並べ方は　エ　通りある．

5 同じものを含む順列

ここが
大事！
　同じものを含む順列の個数は，有名な求め方があります．しかし，それを単に覚えるのではなく，なぜそのように計算するのかを納得して使いましょう．

1 階乗を使う

　今回は，人を並べる問題のように，すべて異なるものを一列に並べるものではなく，同じものを含む順列を考えます．

例題 12 　A，A，C，D，E の 5 文字を一列に並べる順列は何通りあるか．

　3 組合せ (▶P.17) で述べたことと同様に考えます．今回は「順序」の区別ではなく，「もの」の区別です．

check ▷▷▷▷　（ものに）区別がない問題は，区別がある問題に帰着させる

　2 つの A は見た目が同じですから区別がありません．例えば，順列 AACDE において，2 つの A を入れ換えても AACDE のままで，同じ順列になります．

　そこで，まず 2 つの A を区別します．A_1，A_2 のように添字 (右下の小さい字) を付け

　　　A_1，A_2，C，D，E

の 5 文字の順列を考えると，$\boxed{}$ ＝120 (通り) あります．

ア $5!$

この中には，例えば

　　　A_1A_2CDE，A_2A_1CDE　……①

はともに含まれ，異なる順列として「2 通り」と数えられています．

　この後 2 つの A の区別をなくし，本来の条件に戻します．A_1，A_2 の添字をなくしますから，①は

　　　AACDE，AACDE

となります．これらは同じ順列ですから「1 通り」と数えなければなりません．

　このようなことは他の順列でも同様に起こっています．例えば

　　　A_1CA_2DE，A_2CA_1DE

も 5! 通りの中では「2 通り」と数えられていますが，添字をなくすと

ACADE，ACADE

となり「1通り」です．5!通りの中には同じ順列が2通りずつ含まれているのです．よって，求める順列は

$$\frac{\boxed{ア}}{2}=\boxed{イ}\,（通り）$$

です．なお，「2通り」の2は，A₁とA₂を一列に並べる順列の個数の2!ですから，実戦的には

$$\frac{5!}{2!}=5\cdot4\cdot3=60\,（通り）$$

と計算します．

---

check ▷▷▷▶　区別して順列の数を数え，区別がないものの個数の階乗で割る

まとめるとこのようになりますが，丸暗記するのではなく，なぜ階乗で割るのかを納得しておいてください．

例題 13　A，A，A，C，Dの5文字を一列に並べる順列は何通りあるか．

今度は区別がない文字Aが3つあります．まずA₁，A₂，A₃と区別して考え，その後区別をなくします．A₁，A₂，A₃の順列の個数の3!通りだけ同じ順列が現れますから，求める順列は

$$\frac{5!}{\boxed{ウ}}=\boxed{エ}\,（通り）$$

です．

しつこいですが，例題を続けます．基本的なテーマですが，機械的に処理しようとして勘違いをする人がいるからです．

例題 14　A，A，B，B，Cの5文字を一列に並べる順列は何通りあるか．

今度は2種類の区別がない文字があります．A，B合わせて区別がない文字が4文字ありますから

$$\frac{5!}{4!}=5\,（通り）$$

とする人がいます．これは意味も分からず，とりあえず「区別がないものの個数の

階乗で割る」と丸暗記している人でしょう．ちなみにこの式では，AとBも区別していない，すなわち A，A，B，B の 4 文字を区別していないことになります．言い換えると，A，A，A，A，C を一列に並べる順列の個数です．

　正しく数えましょう．まず，2 つの A を A_1，A_2 とし，2 つの B を B_1，B_2 として区別します．5 文字の順列は $5!=120$（通り）です．この中には，例えば

$A_1A_2B_1B_2C$，　$A_1A_2B_2B_1C$　（左から A_1，A_2 の順）

$A_2A_1B_1B_2C$，　$A_2A_1B_2B_1C$　（左から A_2，A_1 の順）

が含まれています．これら 4 つの順列は，2 つの A，2 つの B の区別をそれぞれなくすと，すべて

AABBC

になるものです．A_1，A_2 の順列の数 $2!$ 通りそれぞれに対し，B_1，B_2 の順列の数が $2!$ 通りずつありますから，樹形図を想像し，全部で $2!2!=4$（通り）あるのです．この「4 通り」は本来「1 通り」と数えなければなりません．他の順列についても同様ですから，求める順列は

$$\frac{5!}{2!2!}=5\cdot3\cdot2=\boxed{\text{オ}}\ \text{（通り）}$$

$$\boxed{\text{オ}\ 30}$$

となります．

> check ▷▷▷▶　同じものが複数あるときには，それぞれの順列の個数で割る

　ここで，階乗の約分の計算方法について触れておきます．例えば

$$\frac{8!}{4!3!}=\frac{8\cdot7\cdot6\cdot5\cdot4\cdot3\cdot2}{4\cdot3\cdot2\cdot3\cdot2}=\frac{8\cdot7\cdot6\cdot5}{3\cdot2}=8\cdot7\cdot5=280$$

と計算できますが，最初の $\frac{8\cdot7\cdot6\cdot5\cdot4\cdot3\cdot2}{4\cdot3\cdot2\cdot3\cdot2}$ は省略すべきです．階乗同士は必ず約分できますから，最初から約分した結果を書きます．今回は分子の $8!$ と，分母の階乗のうち大きい方である $4!$ を約分すると

$$\frac{8!}{4!}=\frac{8\cdot7\cdot6\cdot5\cdot4\cdot3\cdot2}{4\cdot3\cdot2}=8\cdot7\cdot6\cdot5$$

となります．これを頭の中で処理して分子に書き，分母には残りの $3!$ を書きます．つまり

$$\frac{8!}{4!3!}=\frac{8\cdot7\cdot6\cdot5}{3\cdot2}=8\cdot7\cdot5=280$$

と計算します．

2 $_nC_r$ を使う

例題 15 A，A，A，B，B の 5 文字を一列に並べる順列は何通りあるか．

例題 14 と同様に考えれば

$$\frac{5!}{3!\,2!} = \frac{5 \cdot 4}{2} = \boxed{\text{カ}} \;(通り)$$

カ 10

となります．

しかし，今回使う文字はAとBの 2 種類です．A か B かの 2 択であることがポイントです．数え方をガラッと変えましょう．

---

check ▷▷▷▶　　**2 択の順列の問題では階乗の代わりに $_nC_r$ を使う**

下のように，番号の付いた 5 つの場所があり，3 つのAと 2 つのBを入れると考えます．

1	2	3	4	5

例えば，AABAB という順列は

A	A	B	A	B

ですから，1，2，4 にAを入れ，3，5 にBを入れた場合に対応します．今回は 2 択の問題ですから

A	A		A	

とAを入れれば，残りの場所にBが入りますから，A が入る 3 つの場所の選び方を考えればよいです．3 つのAは区別がありませんから，3 つの場所が (1，2，4) の場合と (2，1，4) の場合は同じです．場所を選ぶ順序を区別してはいけません．3 つの場所を同時に選ぶイメージですから，組合せです．よって，A が入る 3 つの場所の組合せを考えて，求める順列は

$$_5C_3 = \boxed{\text{キ}} \;(通り)$$

キ 10

です．一般に 2 択の問題では階乗を使うよりも $_nC_r$ を使う方が計算が楽です．

なお，結果の式だけを眺めて「順列の問題なのに $_nC_r$ を使うんですか？」という質問をする人がいます．「順列」，「組合せ」という言葉だけに反応しているのでしょう．どのように数えるか，立式の意味を考えれば違和感はないはずです．今回は順

列の問題でしたが，結果的に組合せの問題に帰着しているだけです．

10 ▶解答 P.13

10 個の文字，N，A，G，A，R，A，G，A，W，A を左から右へ横一列に並べる．以下の問いに答えよ． (岐阜大)

(1) この 10 個の文字の並べ方は全部で何通りあるか．

(2) 「NAGARA」という連続した 6 文字が現れるような並べ方は全部で何通りあるか．

(3) N，R，W の 3 文字が，この順に現れるような並べ方は全部で何通りあるか．ただし N，R，W が連続しない場合も含める．

(4) 同じ文字が隣り合わないような並べ方は全部で何通りあるか．

11 ▶解答 P.14

$n \geqq 3$ とする．1，2，$\cdots$，n のうちから重複を許して 6 個の数字を選び，それを並べた順列を考える．このような順列のうちで，どの数字もそれ以外の 5 つの数字のどれかに等しくなっているようなものの個数を求めよ． (京都大)

6 最短経路の数

ここが大事！ 格子状の経路における最短経路の数の求め方を確認します．矢印の順列を考える方法と直接数える方法の2つがあります．

1 矢印の順列を考える

例題 16 図1のような格子状の経路がある．点Aから出発して点Bに至るような最短経路の数を求めよ．

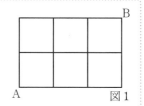

図1

点Aから見て点Bは右上方向にあります．最短経路を考えますから，無駄な動きは許されません．左や下には動くことはなく，<u>進む方向は右か上に限られます</u>．

図2の太線部分は最短経路の一例です．この例では，右，上，右，右，上の順に進んでいます．矢印で書けば

$$→ ↑ → → ↑$$

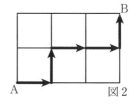

図2

の順列に対応します．他の最短経路も調べてみましょう．今回は数が少ないですから，すべての最短経路を実際に描いてみます．

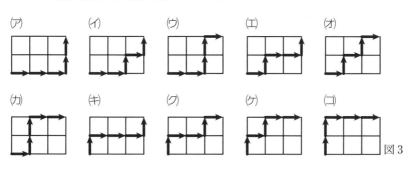

図3

図3の最短経路それぞれに対し

(ア) → → → ↑ ↑　　(イ) → → ↑ → ↑　　(ウ) → → ↑ ↑ →　　(エ) → ↑ → → ↑

(オ) → ↑ → ↑ →　　(カ) → ↑ ↑ → →　　(キ) ↑ → → → ↑　　(ク) ↑ → → ↑ →

(ケ) ↑ → ↑ → →　　(コ) ↑ ↑ → → →

のように3個の→と2個の↑を並べた順列が1つずつ対応しています.

> check ▷▷▷▶　最短経路は矢印の順列に対応する

　正確には,最短経路1つに対し矢印の順列がただ1つ対応し,逆に,矢印の順列1つに対し最短経路がただ1つ対応しています.これを「最短経路と矢印の順列が1対1に対応する」といいます.

> check ▷▷▷▶　1対1に対応すれば個数は同じである

　場合の数の問題で非常によく使う考え方で,より数えやすい問題に帰着させるのです.最短経路の数は,より数えやすい矢印の順列の個数と一致します.

　今回は3個の→と2個の↑を並べる順列の個数を求めればよいです. 　5　同じものを含む順列（▶P.26）で解説しましたが,これは→か↑かの2択の問題ですから

$$\boxed{}=10（通り）$$

> ア ₅C₃（または ₅C₂）

となります.

2　図に経路の数を書き込んで数える

　矢印の順列の個数を求めるのはうまい方法ですが,もっと原始的な方法があります.点Aから各頂点（交差点）に至る最短経路の数を図に書き込んでいくのです.

　まず,図4において黒丸で示した,点Aの真横（右）にある3頂点と点Aの真上にある2頂点に着目します.点Aからこれらの頂点に至る最短経路は,点Aからまっすぐ一直線に進む経路の1通りですから,これら5頂点の近くに1と書きます.

　次に,残りの頂点に至る最短経路の数を考えます.

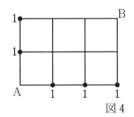

図4

> check ▷▷▷▶　直前に通る点に着目する

図5において黒丸で示した2頂点F，Gに着目してください．右上方向に向かう最短経路ですから，点Fに至る直前に通る点は，点Fのすぐ下の点Cか，すぐ左の点Dです．よって，点Fに至る最短経路は，点Cから上に進むか，点Dから右に進むかのどちらかしかありません．その数は，点Cと点Dに至る最短経路の数の和で

$$1+1=\boxed{\text{イ}}$$

です．そこで，点Fの近くに $\boxed{\text{イ}}$ と書きます．

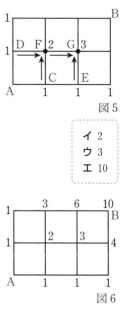

図5

イ 2
ウ 3
エ 10

同様に，点Gに至る最短経路の数は，点Eと点Fに至る最短経路の数の和で

$$1+\boxed{\text{イ}}=\boxed{\text{ウ}}$$

です．点Gの近くに $\boxed{\text{ウ}}$ と書きます．

これを繰り返して，点A以外の頂点すべてに数を書き込んだものが図6になります．求める数は点Bの近くに書かれた数ですから，$\boxed{\text{エ}}$ 通りです．

図6

この方法を「裏技」と紹介する人がいるようで，よく生徒から「答案に書いてもいいのですか」と聞かれます．上の説明を見て「裏技」と感じますか？　各点に至る最短経路の数を図に書き込んでいるわけですから，きちんと意味が伝わる解法であり，「裏」の要素は何もありません．「裏技」というのは説明が難しいけどもなぜか結果が出るような解法のことを言うのです．今回の解法は立派な「正攻法」です．答案には「各点に至る最短経路の数は図のようになる」とでも書いておけばいいでしょう．自信を持って使ってください．

12 ▶解答 P.16

　右の図のように，直交している道のある町がある．A地点からB地点まで最短距離で経路を考える．

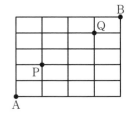

(1)　全部で ア 通りの道順がある．

(2)　P地点，Q地点をともに通る道順は イ 通りある．

(3)　P地点もQ地点も通らない道順は ウ 通りある．

13 ▶解答 P.17

　図(a)は 6×6 の格子点からなる正方格子，図(b)は 4×4 の格子点からなる正方格子である．また，図のようにそれぞれの正方格子に始点S，終点Gをとる．点Pを操作して，始点Sから終点Gに移動させる方法を考える．点Pは1回の操作で上下左右に隣りあったいずれかの格子点に動く．点Pは，移動の途中でSおよびGを含む任意の格子点を複数回通過してもよいが，正方格子の外に出てはならない．図(a)における矢印の列「→ → ↑ → ↑ ↑ ↑ ↓」と図(b)における矢印の列「→ → ↑ ← → → ↑ ↑」は，それぞれ黒丸で示したSから黒丸で示したGに8回の操作で移動した例である．

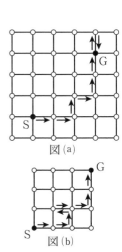

図(a)

図(b)

　このとき，次の問いに答えよ．　　　　（名古屋市立大）

(1)　図(a)において，SからGに6回の操作で移動する方法の総数を求めよ．

(2)　図(a)において，SからGに8回の操作で移動する方法の総数を求めよ．

(3)　図(b)において，SからGに8回の操作で移動する方法の総数を求めよ．

7 円順列

> **ここが大事！** まず順列と円順列の違いから確認します．そこから数え方が自然と浮かんできます．いわゆる「円順列の公式」は必要ありません．

1 円順列のルール

円順列とはいくつかのものを円形に並べたものです．ただし，<u>回転させると同じ配置になる並べ方は区別しません</u>．

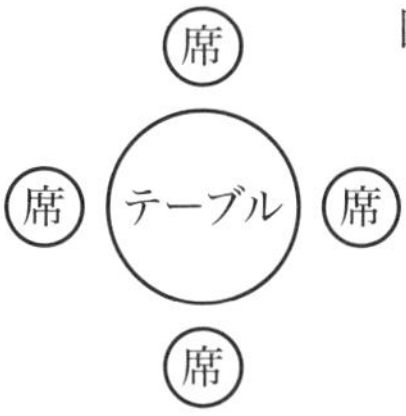

A，B，C，D の 4 人が，円形のテーブルのまわりの 4
つの席に座ることを考えます．図 1 のように，あらかじ
め席が固定されているテーブルを想像しましょう．

図1

（図：席・テーブルを囲む4つの席）

例えば，A，B，C，D がこの順に反時計回りに並ぶ座
り方は，図 2 のように 4 通りあります．しかし，これらは回転させるとすべて同じ
配置になりますから，区別がありません．つまり，4 通りではなく 1 通りと数えな
ければなりません．

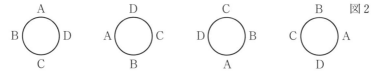

図2

回転させるとすべて同じ配置になる → すべて同じ円順列とみなす

そもそも「回転させると同じ配置になる」とはどういうことでしょうか．この解
釈が円順列を攻略するポイントです．

4 人のうちの 1 人，ここ
ではA に着目します．A
から見た残り 3 人の位置を
考えると，Bは右側，Cは
正面，D は左側です．図 2
の 4 つの座り方すべてに対

図3

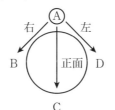

図2のどの配置も，Aから見る
と，Bは右側，Cは正面，Dは
左側で，相対的な位置は同じ

し，この相対的な位置関係は変わりません．

> check ▷▷▷▷ 円順列では相対的な位置関係のみを区別する

　言い換えると，誰がどこに座っているかを区別するのではなく，ある特定の1人から見た位置関係だけを区別するということです．

　これが円順列のルールです．高校時代の私はこれが納得いきませんでした．円形のテーブルの席ということで，図4のようなレストランのテーブル席を連想していたからです．

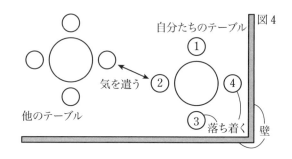

図4

　右側が自分たちのテーブルであるとし，その近くに壁があるとします．1～4の席のうち，どこに座りたいと思いますか？　私は壁側が落ち着きますので，3か4がよいです．一方，2は他のテーブル席との距離が近く，気を遣いそうですから，できれば避けたいです 😊

　少なくとも図4のテーブル席においては，4つの席は対等には思えません．自分が2に座る場合と3に座る場合で気分が変わるのですから，「誰がどこに座るかを区別しない」ことに違和感を覚えます．円順列のルールは現実的ではないのです．

　そうです．そもそも数学の問題なのですから，現実的ではなく，いわゆる「机上の空論」的な設定なのです．基本的には認めるしかないのですが，敢えてイメージをつかむなら，自分たちのテーブル以外何も存在しない無の空間を想像してください．『ドラゴンボール』に登場する「精神と時の部屋」のような真っ白な空間です．伝わらなかった人はごめんなさい 😊　まわりの環境の影響を受けない状態であれば，座る席によって落ち着くことも気を遣うこともありません．すべての席は対等です．よって，相対的な位置関係のみを区別することになります．

2　円順列の数え方

　では実戦的な話に移りましょう．円順列の数え方を確認します．

> 例題 17　A，B，C，D の 4 人を円形のテーブルのまわりの 4 つの席に座らせる円順列は何通りあるか．

　くどいですが，何度も繰り返します．

check ▷▷▷▶　（場所に）区別がない問題は，区別がある問題に帰着させる

円順列では誰がどこに座るかは区別しませんが，最初は敢えて区別して考えます．通常の順列の問題に帰着させるのです．

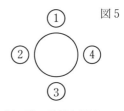

図5

仮に席に番号を付けて区別する

4つの席をすべて区別するとしましょう．図5のように4つの席に1，2，3，4と番号を付けるイメージです．この場合は通常の順列になりますから，4人の座り方は

$$\boxed{\text{ア}}=24\,(通り)$$

です．

しかし今回は円順列の問題です．これが答えではありません．図2で確認しましたが，回転させると同じ配置になるものが4通りずつ存在します．よって，求める円順列は

$$\frac{\boxed{\text{ア}}}{4}=3!=\boxed{\text{イ}}\,(通り)$$

です．

ア 4!
イ 6

もう1つの考え方があります．個人的にはこちらの方法を強く推しています．

---

check ▷▷▷▶ **円順列では1つを固定して順列の問題に帰着させる**

ある特定の1人から見た位置関係のみを区別するのですから，1人の席は固定してしまってよいです．今回はAの席を固定しましょう．

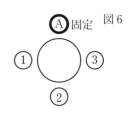

図6

Aの席を固定すると残りの席はすべて区別がつく

Aが座った時点で残りの席は3つです．重要なことはこの3つの席は対等ではなく区別があるということです．図6のように席に番号を付けると，1はAから見て右側，2は正面，3は左側ですから，すべて異なる席です．Aがイケメンだと想像してみてください．どの席に座るかで眺めが変わりますね😊誰も座っていない状態であれば対等ですが，Aが座ることにより対等ではなくなるのです．

その結果，残り3人の座り方は通常の順列と同じになり，求める円順列は

$$\boxed{\text{ウ}}=\boxed{\text{イ}}\,(通り)$$

ウ 3!

となります．

　多くの教科書や参考書では,「異なる n 個のものの円順列の総数は $(n-1)!$ である」というものを「円順列の公式」と呼んで紹介しています. 確かに間違いではありませんが, こんな公式は必要でしょうか.「1つを固定する」考え方を知っていれば自明ですし, そもそもこの「公式」は, すべて異なるものを並べる円順列の問題でしか通用しません. 覚える必要がない公式の典型です. 応用の利く考え方を身に付けましょう.

14 ▶解答 P.18

　5人の男性と5人の女性が円卓のまわりに座るとき, 次の問いに答えよ. （名城大）

(1)　座り方は何通りあるか.

(2)　男女が交互に座る場合, 座り方は何通りあるか.

(3)　男女は交互に座るが, 特定の男女1組が隣り合うように座る場合, 座り方は何通りあるか.

15 ▶解答 P.19

　赤い玉が4個, 白い玉が2個, 青い玉が1個ある. ただし, 同じ色の玉は区別しないとする. （西南学院大・改）

(1)　これらの中から3個の玉を取り出して円形に並べる方法は 　ア　 通りである.

(2)　7個すべての玉を円形に並べる方法は 　イ　 通りである.

(3)　7個すべての玉にひもを通し, 首飾りを作るとき, 　ウ　 通りの首飾りができる. ただし, 裏返して一致する首飾りは同じものとみなす.

8 組分け

> **ここが大事！** 組の区別があるかないかということからきちんと理解しましょう。
> 区別がないときは区別がある問題に帰着させます。

1 組の区別

　いくつかの異なるものを，個数が決まっているいくつかの組に分ける問題を組分けといいます。個数が決まっていることに注意してください。個数が決まっていない場合は 9 重複順列 (▶P.44) などの別の問題になります。

　組分けでは，組に区別があるかどうかがポイントになります。

> check ▷▷▷▷　**名前があるか，入るものの個数が異なると，組に区別がある**

　実際に自分がその組に入ることを想像すると納得しやすいです。

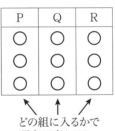

どの組に入るかで
運命が変わる！

　例えば，組に名前があるとします。分かりやすくするために，P 予備校，Q 学院，R 塾とします。もちろん，これらは架空の予備校です。実在の予備校とは関係ありません😊

　P 予備校が圧倒的に合格率が高く，Q 学院は普通，R 塾は最低だとします。一方，これら 3 つの予備校の定員は同じで，仮に 3 名であるとします。右の図で○は人を表します。

　さて，自分がどれか 1 つの予備校に入るとしましょう。この選択は大変重要です。いくら定員は同じでも，どの予備校に入るかで運命が変わります。誰もが P 予備校に入りたいと思うでしょう。この「どの組に入るかで運命が変わる」というのが重要です。名前があれば組に区別があるということです。

　組に名前がなくても，人数が異なれば同様です．名前がない3人，2人，1人の組があるとき，自分がどの組に入るかで状況は変わります．3人組のうちの1人なのか，2人ペアのうちの1人なのか，ぼっちなのか．どれがいいかは個人差がありそうですが，入る組によって状況が異なるということは納得できるでしょう．人数（個数）が異なれば組に区別があるのです．

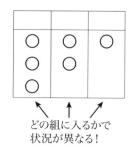

どの組に入るかで
状況が異なる！

check ▷▷▷▶　名前がなく，入るものの個数が同じだと，組に区別がない

　では，組に名前がなく，人数が同じであるときを考えましょう．名前がない3人，3人，3人の組があるとします．まだ誰も入っていない状況で考えます．このとき，どの組に入っても，名前がない3人組のうちの1人になるだけですから，状況は変わりません．名前がなく人数が同じであれば，組に区別がないのです．

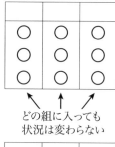

どの組に入っても
状況は変わらない

　念のため確認しておきますが，名前がなく人数が同じであっても，誰かが入った後では話が変わります．誰も入っていなければ区別はありませんが，3つの組に1人ずつ，Aさん，Bさん，Cさんが入った後では，区別があります．例えばAさんがとてもかわいい子だとすると，Aさんのいる組に入りたくなりますね．どの組に入るかでテンションが変わります．そういうことです😊
　誰かが入ってしまうと，組に名前がついている状態と同じになるのです．

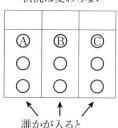

誰かが入ると
名前があるのと同じ

2　組分けの数え方

例題 18　A, B, C, D, E, F の 6 人を 3 人, 2 人, 1 人の 3 組に分ける方法は
何通りあるか.

名前はありませんが, 人数が異なりますから, この 3 つの組には区別があります.

check ▷▷▷▷　　組に区別があるときは順番に選んでいくだけでよい

特に工夫はいりません. 3 人, 2 人, 1 人の順に選んでいきます.

まず 3 人の組に入る人を選びます. このとき 3 人の順序を区別しないことに注意
しましょう. 例えば, A, B, C と選ぼうが, A, C, B と選ぼうが, 3 人の組に A,
B, C が入るという点では同じだからです. 3 人を同時に選ぶイメージですから, 組
合せです. よって, 3 人の組に入る人の選び方は $_6C_3$ 通りです.

次に残り 3 人から 2 人の組に入る人を選び
ます. やはり組合せで, $_3C_2$ 通りです.

最後に残り 1 人を 1 人の組に入れます. 明
らかに 1 通りですが, 強いて組合せの記号で
書けば $_1C_1$ 通りです.

$_6C_3$ 通りある 3 人の組 1 つに対し 2 人の組
が $_3C_2$ 通りあり, さらにその 2 人の組 1 つに
対し 1 人の組が $_1C_1$ 通りあります. 右のよう
な樹形図を想像すると, 求める数はこれらの
数の積で

$$_6C_3 \cdot {}_3C_2 \cdot {}_1C_1 = 20 \cdot 3 = \boxed{\text{ア}} \text{（通り）}$$

3 人の組	2 人の組	1 人の組	枝
	DE	F	1
ABC	DF	E	2
	EF	D	3
	CE	F	4
ABD	CF	E	5
	EF	C	6
	⋮	⋮	⋮
	AB	C	58
DEF	AC	B	59
	BC	A	60

となります. くれぐれも「たす」か「かける」かで迷わないようにし
てください.

ア 60

実戦的には立式の最後の $_1C_1$ は不要ですが, 私は書くようにしています. 最後ま
で選び終わったことが確認できて安心するからです. 計算するときには 1 をかけて
も変わりませんから省きます.

例題 19　A, B, C, D, E, F の 6 人を, 2 人ずつ赤組, 青組, 白組の 3 組に分ける方法は何通りあるか.

　赤, 青, 白の名前がありますから, この 3 つの組には区別があります. 2 人ずつ順番に選んでいきましょう. **例題 18** と同様に考えて

$$_6C_2 \cdot {}_4C_2 \cdot {}_2C_2 = 15 \cdot 6 = \boxed{\text{イ}} \text{(通り)}$$

イ 90

です.

例題 20　A, B, C, D, E, F の 6 人を, 2 人ずつ 3 組に分ける方法は何通りあるか.

　今度は組に名前もなく人数も同じですから, この 3 つの組には区別がありません. 区別がある問題とは違い, 工夫が必要です. これまでに何度も用いてきた手法を使いましょう.

> check ▷▷▷▷　(組に) 区別がない問題は, 区別がある問題に帰着させる

　具体的には, まず組に名前を付けて区別して考え, その後名前をなくすという手順を踏みます.

　仮に 3 つの組に P, Q, R という名前を付けます. 名前が付くことで 3 つの組は区別がつくようになりますから, 2 人ずつ順番に選んで, 組分けの方法は

$$_6C_2 \cdot {}_4C_2 \cdot {}_2C_2 \text{(通り)} \quad \cdots\cdots ①$$

です.

　この後, 名前をなくします. 何が起こるかを具体的に考えましょう.

　例えば①の中には, A と B, C と D, E と F がそれぞれ同じ組になる分け方が含まれます. どの組にどの 2 人が入るかで, 表のように㋐〜㋕の 6 通りあります. 組に名前があるため, これらはすべて異なる分け方です.

	P	Q	R
㋐	AB	CD	EF
㋑	AB	EF	CD
㋒	CD	AB	EF
㋓	CD	EF	AB
㋔	EF	AB	CD
㋕	EF	CD	AB

組に名前があるとすべて異なる分け方
(6 = 3! 通り)
↓
名前をなくすとすべて同じ分け方
(1 通り)

次に組の名前をとります．その結果，3つの組の区別はなくなり，(ア)～(カ)はすべてAとB，CとD，EとFがそれぞれ同じ組になるという同じ分け方になります．つまり1通りと数えなければなりません．本来1通りと数えるべきところを①では6通りと数えているのです．この6という数は表から分かる通り，AB，CD，EFの3組を並べた順列の個数3!に他なりません．AB，CD，EF以外の分け方に関しても同様ですから，求める分け方は①を3!で割ったもので

$$\frac{_6C_2 \cdot {}_4C_2 \cdot {}_2C_2}{3!} = \frac{15 \cdot 6}{6} = \boxed{} \text{（通り）}$$

ウ 15

となります．

 練 習 問 題

16 ▶解答 P.20

12人を3つの組に分ける．このとき，次の問いに答えよ． （滋賀大・改）

(1) 7人，3人，2人の3つの組に分ける方法は何通りあるか．

(2) 6人，3人，3人の3つの組に分ける方法は何通りあるか．

(3) 4人ずつ3つの組に分ける方法は何通りあるか．

(4) 女子6人，男子6人のとき，どの組も男女2人ずつとなるように3つの組に分ける方法は何通りあるか．

(5) 女子4人，男子8人のとき，どの組も男女がともに少なくとも1人いるように4人ずつ3つの組に分ける方法は何通りあるか．

9　重複順列

重複順列にも公式は不要です．表をイメージした数え方を習得しましょう．

1　重複を許して並べる順列

異なるものを重複を許して一列に並べたものを重複順列といいます．

> **例題 21**　A，B，C の 3 文字を重複を許して並べて 5 文字の文字列を作る方法は何通りあるか．ただし，使わない文字があってもよいとする．

ACBAB のような文字列を作ります．使わない文字があってもよいですから，例えば C を使わない文字列 AABBA でも結構です．

通常の順列の問題と同様に，下のような番号の付いた 5 つのマスに，A か B か C を入れていくと考えます．

1	2	3	4	5

1 のマスに入る文字は，A，B，C の $\boxed{ア\quad}$ 通り．

この後が通常の順列とは異なります．同じ文字を使ってよいですから，2 のマスに入る文字も，A，B，C の $\boxed{イ\quad}$ 通り．

同様にして，3，4，5 のマスに入る文字も，A，B，C の $\boxed{ウ\quad}$ 通り．

よって，求める文字列の作り方は

$$3 \cdot 3 \cdot 3 \cdot 3 \cdot 3 = 3^5 = \boxed{エ\quad} （通り）$$

です．

ア	3
イ	3
ウ	3
エ	243

もちろん，3・3・3・3・3 から書き始める必要はなく，最初から指数の形で 3^5 と立式すればよいです．

このレベルの問題では必要ありませんが，応用がきく解法を紹介します．

---

check ▷▷▷▶　**重複順列は表の作り方を考える**

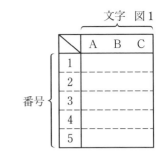

図1のように，マスの番号 1 ～ 5 を縦に，文字 A，B，C を横にとった表を考えます．

番号 1 つに対し文字を 1 つ選びます．文字 1 つに対し番号が 1 つ対応するのではありません．ここが重要です．

番号から見たら文字はただ 1 つ対応します．番号は一途なのです 😊

一方，文字から見たら番号はいくつあっても構いません．極端な話，5 個対応することもありますし，1 個も対応しないこともあります．文字は遊び人です 😊

---

check ▷▷▷▶ **相手がただ 1 つ対応する方の目線で丸を付ける**

よって，番号目線で考えます．1 番のマスには A か B か C が対応します．3 つあるうちの 1 つに丸を付けます．ここでは A に丸を付けます．次に 2 番のマスについて考えます．ここでは C に丸を付けます．以下同様にして，

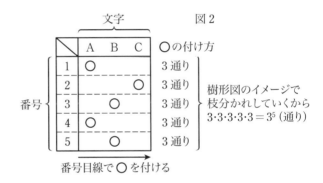

3, 4, 5 番ではそれぞれ B，A，B に丸を付けます．出来上がった表が図 2 にあるものです．

このときできる文字列は「ACBAB」です．文字列 1 つに対し表の作り方が 1 つ対応し，逆に，表の作り方 1 つに対し文字列がただ 1 つ対応します． 6 最短経路の数 (▶P.31) でも扱った「1 対 1 対応」になっていますから，表の作り方の数を求めればよいです．

これを数えるのは簡単です．1 から 5 までの丸の付け方はすべて 3 通りです．1 番の丸の付け方 1 つに対し 2 番の丸の付け方が 3 通り対応し，さらに 3 番の丸の付け方が 3 通り対応し，…と続いていきますから，樹形図のイメージでかけ算します．求める文字列の作り方は

$$3 \cdot 3 \cdot 3 \cdot 3 \cdot 3 = 3^5 = 243 \ (通り)$$

です．

2 区別があるものを区別があるものに分ける

重複順列には別のタイプがあります。区別が「ある」ものを区別が「ある」ものに分ける問題です。

> **例題 22**　5個の異なる玉を A，B，C の3つの箱に入れる入れ方は何通りあるか。ただし，空の箱があってもよいとする。

区別がある玉を区別がある箱に分ける問題です。

5個の異なる玉に 1，2，3，4，5 と番号を付けて考えます。玉1つに対し箱がただ1つ対応しますから，それぞれの玉がどの箱に入るか，つまり玉目線で箱を選んでいきます。

図3のように，玉の番号を縦に，箱 A，B，C を横にとった表を考えます。玉目線で丸を付けていくと考えれば，**例題 21** と全く同じです。求める入れ方は

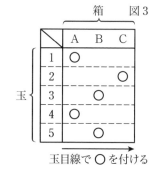

図 3

玉目線で ◯ を付ける

$$3^5 = \boxed{\text{オ}} \quad \text{(通り)}$$

> **オ** 243

です。

一見，**例題 21** と **例題 22** は同じに見えないのではないでしょうか。少なくとも私はそうです。しかしながら，表の作り方に帰着できれば，結果的に重複順列の問題になっていることが分かります。それで問題ありません。「重複順列」という言葉よりも「どのように数えるか」が重要です。

最後に，いつもの公式批判です 😊 「異なる n 個のものを重複を許して r 個並べる重複順列の総数は n^r である」といった公式を載せている教科書がありますが，こんな公式は覚えるべきではありません。いざ使うときに，「あれ？ 3^5 と 5^3 のどちらだっけ？」といったことになるからです。表をイメージするだけでよいのですから，必要のない公式ですね。

17 ▶解答 P.21

以下の問いに答えよ.　　　　　　　　　　　　　　　　　　　（愛知県立大・改）

(1)　2種類の文字 R，G から重複を許して合計 n 個を取って一列に並べるとき，並べ方は何通りあるか求めよ．ただし，n は 2 以上の自然数とする.

(2)　(1)でどの文字も 1 回以上現れる並べ方は何通りあるか求めよ.

(3)　3種類の文字 R，G，B から重複を許して合計 n 個を取って一列に並べるとき，どの文字も 1 回以上現れる並べ方は何通りあるか求めよ．ただし，n は 3 以上の自然数とする.

18 ▶解答 P.22

2個の文字 A，B を重複を許して左から並べて 7 文字の順列を作る．次の条件をみたす順列はそれぞれいくつあるか答えよ.　　　　　　　　　　（東京都立大）

(1)　A が 5 個以上現れる.

(2)　AABB がこの順に連続して現れる.

(3)　A が 3 個以上連続して現れる.

第1章 場合の数

10 重複組合せ

　重複組合せには2つのパターンがありますが，数え方は共通しています．○と｜の順列を考えます．

1 区別がないものを区別があるものに分ける

　9 重複順列（▶P.44）で扱った「区別があるものを区別があるものに分ける」問題を少し変えたものです．区別が「ない」ものを区別が「ある」ものに分けるタイプの問題です．

> 例題 23　区別がない7個のみかんを3人に分ける方法は何通りあるか．ただし，1個ももらわない人がいてもよいとする．

　区別がないみかんを区別がある人に分ける問題です．
　ここでは「1個ももらわない人がいてもよい」ルールを「残酷ルール」と呼ぶことにしましょう😊　もちろん正式な言葉ではありませんが，名前を付けておくと都合がよいのです．「残酷ルール」の問題は，ルールは残酷でも解くのは簡単です．

> check ▷▷▷▶　重複組合せは○（まる）と｜（仕切り）の順列を考える

　これは，素晴らしい先人の知恵です．○と｜の順列を用いて分け方を表します．
　3人をA，B，Cとします．7個のみかんを7個の○で表します．それを，2個の｜で3つに分け，左から順にA，B，Cの取り分とします．例えば

```
    A          B          C
    ○ ○ ｜ ○ ○ ○ ○ ｜ ○
```

であれば，Aに2個，Bに4個，Cに1個分けたことに対応します．○と｜の順列とみかんの分け方が1対1に対応するのです．なお，どのみかんかは区別せず，その個数のみを考えますから，○同士，｜同士は区別しないことに注意しましょう．
　極端な例ですが

```
  A  B              C
  ｜  ｜ ○ ○ ○ ○ ○ ○ ○
```

も今回はありです．Cが総取りしていますから，「もはや分けていないだろう」というツッコミが入りそうですが，「残酷ルール」の範囲内です．人道的に問題があって

も，数学的には問題ありません😊

　そこで 7 個の○と 2 個の｜の順列を考えます．数え方に注意しましょう．

$$○^\vee○^\vee○^\vee○^\vee○^\vee○^\vee○ \qquad ｜｜$$

のように，7 個の○の間は 6 カ所あり，そこに 2 個の｜を入れると考えて $_6C_2$ 通りでしょうか．もしくは

$$^\vee○^\vee○^\vee○^\vee○^\vee○^\vee○^\vee \qquad ｜｜$$

のように，両端も含めて 8 カ所ありますから $_8C_2$ 通りでしょうか．残念ながらどちらも違います．

　これらの数え方では，2 個の○の間や両端に入る｜は 1 個までです．通常，$^\vee$ は定員 1 名のすきまを表します．よって，先程の

$$｜｜○\ ○\ ○\ ○\ ○\ ○\ ○$$

のように｜が連続する場合は再現できません．

check ▷▷▷▶　「○か｜か」というイメージで○と｜は対等に扱う

　「○を先に並べてから間に｜を入れる」のでありません．仕切りで区切るイメージが強すぎると間違えます．「9 カ所の場所に 7 個の○と 2 個の｜を並べる」と考えます．2 択の同じものを含む順列（▶P.29）の問題になります．9 カ所から 2 個の｜が入る場所の組合せを考えて

$$\boxed{ア}C\boxed{イ}=\boxed{ウ}\ (通り)$$

となります．

ア 9
イ 2
ウ 36

　なお，この例題は次のように書いても同じです．

例題 24　$x+y+z=7,\ x\geqq0,\ y\geqq0,\ z\geqq0$ を満たす整数の組 $(x,\ y,\ z)$ の個数を求めよ．

　$x,\ y,\ z$ をそれぞれ A，B，C の取り分ととらえれば，「残酷ルール」で 7 個のみかんを分ける問題です．

check ▷▷▷▶　重複組合せの問題を見抜く

　見た目ではなく内容でどのような問題かを判断しましょう．私はみかんの問題の方が易しく感じますから，式で書かれていても「これはみかんを分ける問題だ」ととらえて解いています．

　ではルールを少し変えます．

> **例題 25**　区別がない7個のみかんを3人で分ける方法は何通りあるか．ただし，どの人も少なくとも1個はもらうとする．

　強いて言えば「温情ルール」でしょうか 😊
　どの人も少なくとも1個はもらうのですから

　　　○｜｜○ ○ ○ ○ ○

のように｜が連続することは許されません．また

　　　｜○ ○ ○ ○｜○ ○ ○，　｜○ ○ ○ ○ ○ ○ ○｜

のように｜が両端にくることも許されません．よって，｜同士が隣り合わず，かつ両端以外にくるような順列を考えます．

　　　○ᵛ○ᵛ○ᵛ○ᵛ○ᵛ○ᵛ○　　　｜｜

のように，先に7個の○を並べ，その間の6カ所に2個の｜を入れると考えて

$$\boxed{エ}C\boxed{オ}=\boxed{カ}\ (\text{通り})$$

となります．

> エ 6
> オ 2
> カ 15

　「あれ？　さっきは○と｜は対等に扱うと言ったのに，今回は違うの？」と思った人は正解です．大人は状況によって言うことが変わります 😊
　この解法はきちんと理解して使えれば速いですが，私はあまり好きではありません．全員が平等に1個以上もらうという，特殊な「温情ルール」の問題でしか使えないからです．実際，次のような平等でない問題で困ります．

> **例題 26**　区別がない7個のみかんをA，B，Cの3人で分ける方法は何通りあるか．ただし，Aは少なくとも2個，Bは少なくとも1個はもらうとし，Cは1個ももらわなくてもよいとする．

　3人に力関係がある場合の問題です．『ドラえもん』のジャイアン，スネ夫，のび太の3人を連想しましょう 😊

あらかじめ，A（ジャイアン）には2個，B（スネ夫）には1個与えておきます．キープしておくイメージです．一方，残り4個に関しては，たとえ1個ももらえなくても誰も文句は言いません．よって，その4個を「残酷ルール」で分けます．

```
A  B    C
○|  |○○○
```

4個の○と2個の｜の順列を考えて

$$\boxed{\text{キ}}C\boxed{\text{ク}}=\boxed{\text{ケ}} \quad （通り）$$

となります．

キ 6
ク 2
ケ 15

上の例では，Aが1個，Bが0個，Cが3個ですから，キープしていた分と合わせて，Aが3個，Bが1個，Cが3個もらうことになります．C君，よかったね☺

先程と同様に，この例題は次のように書いても同じです．

例題 27　$x+y+z=7,\ x\geqq 2,\ y\geqq 1,\ z\geqq 0$ を満たす整数の組 $(x,\ y,\ z)$ の個数を求めよ．

答案では，「残酷ルール」でもらう取り分を文字でおくとよいです．

$x'=x-2,\ y'=y-1$ とおきます．これらはあらかじめ与えておいた分以外の2人の取り分です．このとき

$$x'+y'+z=4,\ x'\geqq 0,\ y'\geqq 0,\ z\geqq 0$$

となります．$(x,\ y,\ z)$ と $(x',\ y',\ z)$ は1対1に対応しますから，これを満たす $(x',\ y',\ z)$ の個数を求めればよいです．あとは 例題 26 と同様で，4個の○と2個の｜の順列を考えて，$_6C_2=15$（通り）となります．

2　重複を許して選ぶ組合せ

重複組合せの名前の由来になっているタイプの問題ですが，こちらの方が個人的には難しく見えますので，敢えて後ろに回しました．

どうでもいいことですが，「重複を，許して選ぶ，組合せ」は，なんと！「五・七・五」になっています☺　なんか気分がいいですね．

例題 28 A，B，Cの3文字を重複を許して7文字選ぶ組合せは何通りあるか．ただし，選ばれない文字があってもよいとする．

　9　重複順列の **例題 21** (▶P.44) の類題です．今回は並べませんから，まさに「重複を許して選ぶ組合せ」です．具体例を考えましょう．順序を区別しませんから，例えば

　　　　AABBBBC

ような組合せがあります．これは区別のない7個のみかんをA，B，Cの3人に分ける分け方 (Aに2個，Bに4個，Cに1個) 1つに対応します．選ばれない文字があってもよいことに注意すると，この問題は「残酷ルール」の **例題 23** (▶P.48) と内容が同じです．よって，7個の○と2個の｜の順列を考えて，求める組合せの数は

$$\boxed{コ}C\boxed{サ}=\boxed{シ}\text{（通り）}$$

です．

> コ　9
> サ　2
> シ　36

　最後に，記号について触れておきましょう．組合せの記号 $_nC_r$ と同様に，重複組合せの記号 $_nH_r$ があるようですが，私は覚えていません．デメリットしかなく，個人的には「違法」にすべきだと思っています 😌　$_nC_r$ と違い，左側の数の方が小さい場合もあり，「$_5H_3$ と $_3H_5$ のどっちだっけ？」と思うことがあります．その瞬間，もうこの記号は使えません．

　ぜひ○と｜の順列を考える方法をマスターしてください．

練　習　問　題

19　▶解答 P.25

以下の問いに答えよ．　　　　　　　　　　　　　　　　　　　（岐阜薬科大）

(1)　等式 $a+b+c+d=10$ を満たす負でない整数解の組 (a, b, c, d) の総数を求めよ．

(2)　(1)の等式を満たす正の整数解の組 (a, b, c, d) の総数を求めよ．

(3)　(2)のうち，$a>b$ となる組の総数を求めよ．

(4)　不等式 $a+b+c+d\leqq10$ を満たす正の整数解の組 (a, b, c, d) の総数を求めよ．

11 確率の基本

第2章

確率

ここが 大事！ 確率は $\dfrac{(場合の数)}{(全事象)}$ で計算するのが基本です．ただし，全事象の数を数える際には「同様に確からしい」かどうかに注意しましょう．

1 確率の定義

確率の基本から始めます．

例として，さいころを 1 回振る試行を考えましょう．起こりうる事象を挙げると

(i)　1 の目が出る

(ii)　2 の目が出る

(iii)　3 の目が出る

(iv)　4 の目が出る

(v)　5 の目が出る

(vi)　6 の目が出る

の 6 つあります．これら 1 つ 1 つを │ ア　　　　│ といい，全部

まとめて │ イ　　　│ といいます．

> **ア** 根元事象
> **イ** 全事象

　通常の数学の問題では，理想的なさいころ (どの目も均等に出るさいころ) を扱いますので，(i)〜(vi)はどれも起こりやすさが同程度であると期待できます．これを<u>同様に確からしい</u>といいます．確率を定義する上での前提になります．

> check ▷▷▷▶　どの根元事象も同様に確からしいときに確率が定義できる

　では，確率の定義です．全事象を U とし，事象 A が起こる確率を考えます．全事象に含まれるどの根元事象も同様に確からしいとします．このとき，事象 A が起こる確率を $P(A)$ とする (以下同様とします) と

$$P(A)=\frac{n(A)}{n(U)}=\frac{(事象Aが起こる場合の数)}{(起こりうるすべての場合の数)}$$

で定義されます．この定義から，全事象が起こる確率は 1 です．

　今後は「起こりうるすべての場合の数」のことを単に「全事象の数」と呼ぶことにし，次のように簡潔に表現することにします．

> check ▷▷▷▷
>
> 確率の定義は $\dfrac{(場合の数)}{(全事象)}$ である

　正式な表現ではありませんが，$\dfrac{(場合の数)}{(全事象)}$ は語呂がよく，印象に残ります ☺

　全事象の数や場合の数を数える際には，基本的には根元事象の数を数えますが，複数の根元事象をまとめた事象の数を数える方が効率がよい場合もあります．詳しくは，16 全事象のとり方を工夫する (▶P.75) で解説します．

　さいころを1回振る試行に戻りましょう．全事象の数は(i)〜(vi)の6通りです．偶数の目が出るという事象をAとすると，Aが起こる場合の数は先程の(ii), (iv), (vi)の3通りですから

$$P(A)=\frac{3}{6}=\frac{\boxed{ウ}}{\boxed{エ}}$$

> ウ 1
> エ 2

です．

2　排反かどうか

　例えば，さいころを1回振る試行において，偶数の目が出るという事象と，1か5の目が出るという事象は，同時には起こりません．このように，2つの事象AとBが同時に起こらないとき，事象AとBは排反であるといいます．このとき，1 集合の要素の個数 (▶P.8) で紹介した「和集合の要素の個数の公式」(▶P.10) と同様に

$$P(A\cup B)=P(A)+P(B)　\cdots\cdots①$$

が成り立ちます．

　一方，事象AとBが排反でなければ

$$P(A\cup B)=P(A)+P(B)-P(A\cap B)　\cdots\cdots②$$

です．事象と集合は同一視してよいですから，ベン図の

$$◎=◯+◯-◊$$

のイメージです．

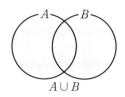

$A\cup B$

　AとBで全事象が共通であれば，これらの公式①，②を使う代わりに

$$P(A\cup B)=\frac{n(A\cup B)}{n(U)}$$

ととらえて，和集合の要素の個数の公式

$$n(A\cup B)=n(A)+n(B)　\cdots\cdots③$$

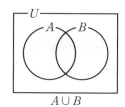

$A\cup B$

または
$$n(A \cup B) = n(A) + n(B) - n(A \cap B) \quad \cdots\cdots ④$$
を用いて分子の値を求める方法もあります.

　例題で確認しましょう.

例題 29　さいころを2回振るとき，3の目がちょうど1回出る確率を求めよ.

　全事象を U とし，1回目のみに3の目が出るという事象を A，2回目のみに3の目が出るという事象を B とします. A と B は排反ですから，公式①か③が使えます.

　まず公式①を使ってみましょう. 全事象の数は2回のさいころの目の出方の数で，6^2 通りです. このうち A が起こるのは，1回目に3の目が出て，2回目に3以外の目が出る場合で，5通りあります. よって
$$P(A) = \frac{5}{6^2} = \frac{5}{36}$$
です. 同様に $P(B) = \dfrac{5}{36}$ ですから
$$P(A \cup B) = P(A) + P(B)$$
$$= \frac{5}{36} + \frac{5}{36} = \frac{\boxed{オ}}{\boxed{カ}}$$

> オ 5
> カ 18

となります.

　代わりに公式③を使ってみましょう. A が起こるのも B が起こるのも，ともに5通りですから
$$n(A \cup B) = n(A) + n(B) = 5 + 5 = 10$$
です. よって
$$P(A \cup B) = \frac{n(A \cup B)}{n(U)} = \frac{10}{6^2} = \frac{\boxed{オ}}{\boxed{カ}}$$

となります. このような基本的な問題ではあまり差がありませんね.

例題 30　さいころを2回振るとき，3の目が少なくとも1回出る確率を求めよ．

通常は<u>余事象</u>を考えますが，それについては 12 余事象を考える (▶P.58) で解説します．ここでは普通に求めましょう．

1回目に3の目が出る（2回目にも3の目が出てもよい）という事象をC，2回目に3の目が出る（1回目にも3の目が出てもよい）という事象をDとします．<u>CとDは排反ではない</u>ことに注意しましょう．

Cが起こるのは，1回目に3の目が出て，2回目はどの目が出てもよい場合ですから，6通りあり

$$P(C)=\frac{6}{6^2}=\frac{6}{36}\left(=\frac{1}{6}\right)$$

です．後の計算を考えて，約分しない方がよいでしょう．なお，2回目はどの目が出てもよいのですから，1回目に3の目が出る確率<u>だけ</u>を考えて，いきなり

$$P(C)=\frac{1}{6}$$

としてもよいです．

同様に，$P(D)=\dfrac{6}{36}$ です．

一方，CとDが同時に起こるのは，1回目と2回目に3の目が出る場合ですから，1通りで

$$P(C\cap D)=\frac{1}{6^2}=\frac{1}{36}$$

です．よって，公式②を用いると

$$P(C\cup D)=P(C)+P(D)-P(C\cap D)$$
$$=\frac{6}{36}+\frac{6}{36}-\frac{1}{36}=\frac{\boxed{キ}}{\boxed{ク}}$$

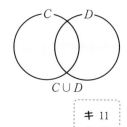

キ 11
ク 36

となります．

これも先に場合の数を求めてもよいです．公式④を用いて

$$n(C\cup D)=n(C)+n(D)-n(C\cap D)=6+6-1=11$$

ですから

$$P(C\cup D)=\frac{n(C\cup D)}{n(U)}=\frac{11}{6^2}=\frac{\boxed{キ}}{\boxed{ク}}$$

です．

なお，さいころを 2 回振る問題では定番の解法があります．

---

check ▷▷▷▶ 　さいころを 2 回振る問題では表を書く

---

1 回目に出る目を縦に，2 回目に出る目を横に書き，3 の目が少なくとも 1 回出る場合に〇を付けると，右の表のようになります．この〇の数を数え

$$n(C \cup D) = 11$$

がわかります．

地味ですが，確実な解法です．もちろん，表に何を埋めるかは問題によります．

1＼2	1	2	3	4	5	6
1			〇			
2			〇			
3	〇	〇	〇	〇	〇	〇
4			〇			
5			〇			
6			〇			

　練　習　問　題

20 ▶解答 P.27

1 から 6 の目が出る確率が等しいさいころが 1 個ある．A，B の 2 人がそれぞれ 1 回さいころを投げ，出た目をそれぞれ a，b とする．$a \leqq b$ のときは，b を a で割った余りを A の得点とし，B の得点は -1 とする．$a > b$ のときは，a を b で割った余りを B の得点とし，A の得点は -1 とする．A，B の得点をそれぞれ r，s とする．以下の問いに答えなさい． 　　　　　　　　　　　　　　　　　　　　（東京都立大・改）

(1)　$r = 0$ となる確率を求めなさい．

(2)　積 rs が 0 となる確率を求めなさい．

21 ▶解答 P.27

大，中，小の 3 個のサイコロを同時に投げるとき，次の問いに答えなさい．ただし，各サイコロは 1 から 6 までのどの目も出る確率は同じであるとする．

（尾道市立大）

(1)　出た目の和が 12 になる確率を求めなさい．

(2)　出た目の和が 12 の約数になる確率を求めなさい．

(3)　出た目の積が 12 の約数になる確率を求めなさい．

12 余事象を考える

ここが大事！ 扱う事象が多く直接求めにくい問題では，余事象を考えます．

1 余事象の確率

事象 A に対して，A が起こらないという事象を A の**余事象**といい，$\overline{A}$ で表します．A と $\overline{A}$ のうち必ず<u>一方のみが起こります</u>から，これら2つの確率の和は1です．よって，次の式が成り立ちます．

---

check ▷▷▷▷　$P(A)=1-P(\overline{A})$

$\underline{P(A) \text{ が直接求めにくいとき}}$には，代わりに $P(\overline{A})$ を求めて1から引けばよいのです．

例題 31 さいころを2回振るとき，3の目が少なくとも1回出る確率を求めよ．

例題 30 (▶P.56) と同じです．

---

check ▷▷▷▷　**「少なくとも1回 (1 つ)」は余事象を考える**

確率の問題での定石です．「少なくとも1回 (1 つ)」のタイプの問題は，<u>直接求めるよりも余事象を考える方が扱う事象が減る</u>からです．**例題 30** (▶P.56) の解説では直接求め
　(i)　1回目に3の目が出る
　(ii)　2回目に3の目が出る
の2つの事象に分けて確率を求めました．これらは排反ではありませんでしたが，排反に分けるのなら
　(i)　3の目が1回だけ出る
　(ii)　3の目が2回出る
と分けて

$$\frac{5+5}{6^2}+\frac{1}{6^2}=\frac{\boxed{ア}}{\boxed{イ}}$$

と求めることもできます.

いずれにしても2つの事象を考えています. 一方, 余事象は「3の目が1回も出ない」ですから, これは場合分けをする必要はありません. 2回とも3以外の目が出る場合ですから, 5^2 通りあります. 求める確率は, 1から余事象の確率を引いて

$$1-\frac{5^2}{6^2}=\frac{\boxed{ア}}{\boxed{イ}}$$

となります.

このレベルの問題であれば, 直接求めても大した負担ではありませんから, 直接求める方法と, 余事象を考える方法の両方をやってみて, 矛盾しないかチェックするのもよいでしょう.

2 余事象に関する注意

余事象を考える判断基準についての注意です.

check ▷▷▶▶ 　直接求めるよりも扱う事象が減るかどうか

余事象を考えるかどうかの基準は, あくまで事象の数, 言い換えると, 場合分けの数が減るかどうかです. 確率が減るかどうか, すなわち起こりにくいかどうかではありません. 実は私自身, 長い間誤解していました.

実際, 例題 31 では, 求める確率が $\frac{11}{36}$ であるのに対し, 余事象の確率は $\frac{25}{36}$ ですから, 余事象の確率の方が高いです. 余事象の方が起こりやすいのですが, それでも余事象を考える方が楽です. 起こりやすさが問題ではありません.

また, 一見, 余事象を考えるか迷う問題もあります. 例えば「さいころを3回振るとき, 3の目が少なくとも2回出る確率を求めよ.」になると, 直接求めても余事象を考えてもあまり差がありません. 直接求めるのなら

(i) 3の目がちょうど2回出る
(ii) 3の目が3回出る

の2つの事象を扱いますし, 余事象を考えるのなら

（i）　3の目が1回も出ない

（ⅱ）　3の目がちょうど1回出る

の2つの事象を扱いますから，場合分けの数は同じです．問題を解く際に，直接求める解法と余事象を考える解法を具体的に想像して比べ，楽な方を選択するというのが実戦的です．

22 ▶解答 P.31

　袋の中に赤球3個，白球2個，黒球1個が入っている．この袋から2個の球を取り出すとき，球の色が異なる確率は　ア　である．また，この袋から3個の球を取り出すとき，球の色が2色以上である確率は　イ　である．　　　　（南山大）

23 ▶解答 P.32

　何人かでじゃんけんを1回行うとき，以下の確率をそれぞれ求めよ．ただし，じゃんけんの手の出し方は，各人においてどれも同様に確からしいとする．

（兵庫医科大）

⑴　4人でじゃんけんをし，2人が勝って2人が負ける確率

⑵　4人でじゃんけんをし，あいこになる確率

⑶　n人でじゃんけんをし，あいこになる確率

24 ▶解答 P.33

　1つのさいころを4回投げる．さいころのそれぞれの目が出る確率が等しいとする．次の問いに答えよ．　　　　（早稲田大）

⑴　さいころの目の出方は全部で　ア　通りある．

⑵　複数回出る目が少なくとも1つある確率は　イ　である．

⑶　1つの目が他のどの目よりも多く出る確率は　ウ　である．

13 独立試行の確率

> **ここが大事！** 独立な事象が同時に起こる確率は，それらが起こる確率の積で表されます．

1 試行の独立と事象の独立

最近まで私も混同していましたが，独立には「試行」の独立と「事象」の独立があります．数学Aの教科書では「試行」の独立しか定義していません．

まず，「試行」の独立です．

> check ▷▷▷▷ 　互いの結果に影響がないとき2つの「試行」は独立である

例えば，さいころを2回振るとき，1回目にさいころを振る試行と2回目にさいころを振る試行は，お互いの結果に影響を与えません．これらの試行は独立です．

一方，「事象」の独立は少しややこしいです．厳密な定義は後で触れます．まずは実戦的な話をしましょう．

> check ▷▷▷▷ 　独立な「試行」の結果として起こる「事象」は独立である

やはりさいころを2回振るときを考えます．1回目に3の目が出るという事象と，2回目に3の目が出るという事象は独立です．2回の試行が独立ですから，その結果として起こる2つの事象は独立です．なんとなく「1回目に3が出ると，次は出にくいのではないか？」と思いがちですが，それは直感が間違っています．

事象AとBが独立かどうかが問題になるのは，同時に起こる確率$P(A \cap B)$を計算するときです．事象AとBが独立であれば，事象AとBが同時に起こる確率は，Aが起こる確率とBが起こる確率の積で求められるからです．

> check ▷▷▷▷ 　事象AとBが独立のとき　$P(A \cap B) = P(A)P(B)$ ……①

くどいですが，事象AとBが独立のときしか公式①は使えないことに注意してく

ださい．いつでも「かつ」の確率は「かける」ということではありません．

　結局，試行が独立であれば，2つの事象が同時に起こる確率は確率の積で求められるのです．

　なお，「等式①が成り立つとき事象AとBは独立である」が事象の独立の厳密な定義です．前のページの check と順序が逆で混乱しますが，最初は気にする必要はありません．

例題 32　さいころを2回振るとき，1回目に1の目が出て，かつ2回目に偶数の目が出る確率を求めよ．

　普通に $\dfrac{(場合の数)}{(全事象)}$ で求められますが，敢えて公式①を使ってみましょう．

　1回目に1の目が出るという事象をA，2回目に偶数の目が出るという事象をBとします．2回の試行は独立ですから，事象AとBは独立です．公式①を使うことができて

$$P(A \cap B) = P(A)P(B) = \frac{1}{6} \cdot \frac{3}{6} = \frac{\boxed{ア}}{\boxed{イ}}$$

> **ア** 1
> **イ** 12

となります．

2　試行が独立でないとき

　2つの試行が独立でない場合は少しややこしいです．独立でない試行の結果として起こる2つの事象は，独立かどうかが自明ではありません．最も分かりやすい，かつ極端な例として，同じ試行同士は独立ではないです．よって，同じ試行の結果として起こる2つの事象に対し，①を使うことは許されません．

　例えば，さいころを1回だけ振るとき，1の目が出る事象をA，2の目が出る事象をBとすると，事象AとBは独立ではありません．

　1が出て，かつ2が出ることはありませんから，$P(A \cap B) = 0$ です．一方，$P(A) = P(B) = \dfrac{1}{6}$ ですから

$$P(A \cap B) \neq P(A)P(B)$$

であり，公式①は成り立ちません．

> check ▷▷▷▷　同じ試行の結果である2つの事象は独立とは限らない

　たまたま独立になることはありますが，勝手に独立を前提として，同時に起こる確率を公式①を用いて計算することはできません．

　事象 A，B が独立であるないにかかわらず，一般には次の公式が成り立ちます．

---

check ▷▷▷▷ 　　$P(A \cap B) = P(A)P_A(B)$

　$P_A(B)$ は事象Aが起こったという条件のもとで事象Bが起こる条件付き確率です．詳しくは 15 条件付き確率（▶P.69）で解説します．

（▶P.69）

　最後に補足です．なぜか「独立」と「排反」を混同している人がいますが，全く意味が違います．独立は「お互いに影響がない」，排反は「同時に起こらない」です．独立は確率を「かける」ときに関係し，排反は確率を「たす」ときに関係します．

 練 習 問 題

25 ▶解答 P.34

▶解答 P.34

　次のような 3 つのサイコロがある．
　サイコロA（正六面体）　：1 から 6 までのどの目が出る確率も等しい．
　サイコロB（正八面体）　：1 から 8 までのどの目が出る確率も等しい．
　サイコロC（正二十面体）：1 から 20 までのどの目が出る確率も等しい．
このとき，次の問いに答えよ．　　　　　　　　　　　　　　　　　　　（岩手大）
(1)　サイコロAとサイコロBを同時に振ったとき，2 つの出た目が等しい確率を求めよ．
(2)　サイコロBとサイコロCを同時に振ったとき，2 つの出た目の積が 3 の倍数となる確率を求めよ．
(3)　3 つのサイコロ A, B, C を同時に振ったとき，3 つの出た目がすべて 3 以上である確率を求めよ．
(4)　3 つのサイコロ A, B, C を同時に振ったとき，3 つの出た目の最小値が 3 である確率を求めよ．

第2章
確率

26 ▶解答 P.37

　A, B, C の 3 人がそれぞれある地域の東公園, 西公園および北公園のいずれかに行こうとしている. この 3 人は次のように, 硬貨の表裏によって, どの公園に行くのかを決める.

- 　Aは手持ちの硬貨を 1 枚投げて, 表が出たら東公園に行く. 裏が出たら西公園に行く.
- 　Bは手持ちの硬貨を 1 枚投げて, 表が出たら西公園に行く. 裏が出たら, もう 1 度その硬貨を投げて, 表が出たら東公園に行き, 裏が出たら北公園に行く.
- 　Cは手持ちの硬貨を 1 枚投げて, 表が出たら北公園に行く. 裏が出たら, もう 1 度その硬貨を投げて, 表が出たら東公園に行き, 裏が出たら西公園に行く.

ただし, 3 人が使用する硬貨は, 表, 裏がそれぞれ $\frac{1}{2}$ の確率で出るものとする. このとき, 次の各問いに答えよ.　　　　　　　　　　　　　　　　　　　（宮崎大）

⑴　AとBが同じ公園に行く確率を求めよ. ただし, C はどの公園に行ってもよいものとする.

⑵　BとCが同じ公園に行く確率を求めよ. ただし, A はどの公園に行ってもよいものとする.

⑶　3 人が同じ公園に行く確率を求めよ.

⑷　少なくとも 2 人が同じ公園に行く確率を求めよ.

14 反復試行の確率

> **ここが大事！** 反復試行の確率の公式は，汎用性を考えて言葉で覚えましょう．

1 反復試行の確率の公式

　硬貨を続けて 10 回投げる，さいころを続けて 5 回振る，など，同じことを繰り返し行う試行のことを<u>反復試行</u>といいます．<u>試行を行った後も状況が変化しないことがポイントです</u>．

　例えば，いくつかの玉が入った箱の中から 1 個の玉を取り出すことを繰り返す試行は，取り出した玉を元に戻すのであれば反復試行ですが，元に戻さないのであれば反復試行ではありません．<u>同じような試行でもルールによって内容が変わります</u>から，問題文をよく読むことが重要です．極端な話，さいころを続けて振る試行も，もしさいころの材質があまりに弱く，1 回振るごとにさいころの形が変化するのであれば，それは反復試行ではありません．そんな問題はまずないですけどね😊

　反復試行は独立試行でもありますから，独立試行の確率の公式（▶P.61）が使えます．例題で確認しましょう．

> **例題 33** さいころを 4 回振るとき，3 の目がちょうど 2 回出る確率を求めよ．

　さいころを複数回振るという，典型的な反復試行の確率の問題です． $\dfrac{(場合の数)}{(全事象)}$ でも求められますが，ここでは独立試行の確率の公式を使ってみましょう．

　3 の目が出るという事象を○，出ないという事象を×と表します．3 の目が 4 回中ちょうど 2 回出るのは

　　○○××，○×○×，○××○，×○○×，×○×○，××○○

の 6 通りあります．

　1 ～ 4 回目の目の出方は，互いに影響がないことに注意しましょう．さいころを 4 回振る試行は独立ですから，独立試行の確率の公式が使えます．

　○○××となる確率は

$$\frac{1}{6}\cdot\frac{1}{6}\cdot\frac{5}{6}\cdot\frac{5}{6}=\left(\frac{1}{6}\right)^{2}\left(\frac{5}{6}\right)^{2}$$

です．○×○×となる確率は

$$\frac{1}{6} \cdot \frac{5}{6} \cdot \frac{1}{6} \cdot \frac{5}{6} = \left(\frac{1}{6}\right)^2 \left(\frac{5}{6}\right)^2$$

です．かける確率の順序が変わるだけで結果は変わらないことに注意しましょう．○，×の順序が変わっても○が起こる確率を2回，×が起こる確率を2回かけることには変わりないからです．残りの○××○，×○○×，×○×○，××○○の確率も同様で，すべて

$$\left(\frac{1}{6}\right)^2 \left(\frac{5}{6}\right)^2$$

です．

　よって，求める確率はこの確率の6倍で

$$6 \cdot \left(\frac{1}{6}\right)^2 \left(\frac{5}{6}\right)^2 = \frac{\boxed{ア}}{\boxed{イ}}$$

ア 25
イ 216

となります．

　最後にかけた6は，4回中3の目がちょうど2回出る場合の数で，○，○，×，×を1列に並べる順列の数の$_4\mathrm{C}_2$です．慣れてきたら，いきなり

$$_4\mathrm{C}_2 \left(\frac{1}{6}\right)^2 \left(\frac{5}{6}\right)^2 = \frac{\boxed{ア}}{\boxed{イ}}$$

とすればよいでしょう．

　シンプルにまとめると，次の公式が得られます．

---

check ▷▷▷▶　　反復試行の確率は (場合の数)×(1回当たりの確率)

　このように言葉で覚えるのがオススメです．

　なお，教科書や参考書によっては，反復試行の確率の公式として，次のようなものが紹介されています．

　1回の試行で事象Aが起こる確率をpとする．その試行をn回繰り返して行うとき，事象Aがちょうどr回起こる確率は
$$_n\mathrm{C}_r p^r (1-p)^{n-r} \quad \cdots\cdots①$$
である．

　この公式自体は正しいです．しかし，この公式は事象Aが起こるか起こらないかの2択の問題でしか使えません．積極的に使う必要はないでしょう．

2 3択以上の反復試行の確率

公式①が使えないタイプの問題を紹介しておきましょう.

例題 34 AとBの2人があるゲームを繰り返し行う. 1回のゲームでAが勝つ確率は $\frac{1}{2}$, Bが勝つ確率は $\frac{1}{6}$, 引き分けになる確率は $\frac{1}{3}$ である.

このゲームを5回行うとき, Aが2勝, Bが1勝, 引き分けが2回となる確率を求めよ.

第2章 確率

3択の反復試行の確率です.(場合の数)×(1回当たりの確率)で求めます.
Aが勝つという事象を A, Bが勝つという事象を B, 引き分けになるという事象を X とします. Aが2勝, Bが1勝, 引き分けが2回となる場合の数は, A, A, B, X, X の5文字を1列に並べる順列の数に等しいです. 3択の同じものを含む順列 (▶P.27) ですから, 階乗を用いて

$$\frac{5!}{2!\,2!}=5\cdot3\cdot2=\boxed{\text{ウ}}\quad(通り)$$

です. 1回当たりの確率は, Aが勝つ確率を2回, Bが勝つ確率を1回, 引き分けになる確率を2回かけて

$$\left(\frac{1}{2}\right)^2\left(\frac{1}{6}\right)^1\left(\frac{1}{3}\right)^2=\frac{\boxed{\text{エ}}}{\boxed{\text{オ}}}$$

ウ	30
エ	1
オ	216
カ	5
キ	36

です. よって, 求める確率は

$$\boxed{\text{ウ}}\cdot\frac{\boxed{\text{エ}}}{\boxed{\text{オ}}}=\frac{\boxed{\text{カ}}}{\boxed{\text{キ}}}$$

となります.
ここでも慣れてきたら, 最初から

$$\frac{5!}{2!\,2!}\left(\frac{1}{2}\right)^2\left(\frac{1}{6}\right)^1\left(\frac{1}{3}\right)^2=\frac{\boxed{\text{カ}}}{\boxed{\text{キ}}}$$

とします.

練 習 問 題

27 ▶解答 P.39

　原点Oからさいころを投げて出た目に従って xy 平面上を進む．出た目が 1 のとき x 方向に $+1$, 2 または 3 のとき x 方向に -1, 4 のとき y 方向に $+1$, 5 または 6 のとき y 方向に -1 進むとする．さいころを 2 回続けて投げた後で原点Oにいる確率は ア , 4 回続けて投げた後で原点Oにいる確率は イ である．

（藤田医科大）

28 ▶解答 P.40

　AとBの 2 人がじゃんけんをする．1 回ごとに，勝った方は 2 点，負けた方は 0 点，あいこの場合はどちらも 1 点ずつを得るものとする．n 回目のじゃんけんを終えた時点でのAの得点の合計を a_n, Bの得点の合計を b_n とする．以下の問いに答えよ．

（岡山大）

(1)　$a_3 = 3$ となる確率を求めよ．

(2)　$a_5 = 5$ となる確率を求めよ．

(3)　$a_5 \geq b_5$ となる確率を求めよ．

15 条件付き確率

条件付き確率には2つのタイプがあります．時間の流れに着目して
分類します．

1 時間経過に沿った条件付き確率

2つの事象 A，B に対し，A が起こったときに B が起こる確率を，A が起こった
という条件のもとで B が起こる条件付き確率といい，$P_A(B)$ と表します．ここでは
A はすでに起こっているのですから，A が起こる確率は加味されません．

条件付き確率は次の式で計算します．

check ▷▷▶▶
$$P_A(B)=\frac{n(A\cap B)}{n(A)} \quad \cdots\cdots ①$$

通常の B が起こる確率 $P(B)=\frac{n(B)}{n(U)}$ は，全事象の数
$n(U)$ に占める，B が起こる場合の数 $n(B)$ の割合です（図
1）．

一方，A が起こったという条件のもとで B が起こる条件付
き確率 $P_A(B)=\frac{n(A\cap B)}{n(A)}$ は，A が起こる場合の数 $n(A)$
に占める，B が起こる場合の数の割合です（図2）．ただし，
B が起こる場合の数は，A が起こっている前提で数えますか
ら，$n(B)$ ではなく，$n(A\cap B)$ です．条件付き確率では，全
事象が U から A に絞られるのです．

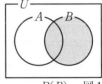
$P(B)$ 図1

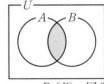
$P_A(B)$ 図2

check ▷▷▶▶ 条件付き確率は全事象を絞った確率である

このような抽象的な説明をすると何か難しく感じるかもしれませんが，心配は無
用です．具体的な問題を扱うと印象が変わります．

例題 35 10本のくじが入った箱があり，そのうち3本が当たり，残り7本がはずれであるとする．10人が1本ずつ無作為にくじを引いていく．ただし，引いたくじは元に戻さない．1人目が当たりを引いたとき，2人目も当たりを引く条件付き確率を求めよ．

「1人目が当たりを引いたとき」とありますから，1人目はすでに当たりを引いています．その確率は考えてはいけません．

1人目が当たりを引いたときの状態を想像しましょう．箱の中には9本のくじがあり，そのうち当たりは2本残っています．よって，2人目が当たりを引く確率は

$$\frac{ア}{イ}$$

です．

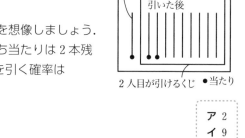

図3

1人目が引いたくじ

箱

1人目が当たりを引いた後

2人目が引けるくじ　●当たり

ア 2
イ 9

念のため，きちんと事象を定義しておきます．1人目が当たりを引くという事象をA，2人目が当たりを引くという事象をBとすると，$P_A(B)$を求めることが目標です．2人目のくじの引き方のみに着目して場合の数を数えます．$n(A)$は1人目が当たりを引いた後の2人目のくじの引き方で9通りです．$n(A \cap B)$は1人目が当たりを引いた後に2人目が当たりを引くくじの引き方で2通りです．よって

$$P_A(B) = \frac{n(A \cap B)}{n(A)} = \frac{ア}{イ}$$

となります．なお，1人目のくじの引き方も考慮に入れると

$$P_A(B) = \frac{n(A \cap B)}{n(A)} = \frac{10 \cdot 2}{10 \cdot 9} = \frac{ア}{イ}$$

となり，約分が増えるだけです．

check ▷▷▷▶　時間経過に沿った条件付き確率は状態を想像して求める

今回の例題のように，Aが起こり，その後Bが起こるといった，時間経過に沿った条件付き確率は，事象を設定して公式①を用いるよりは，具体的に全事象が絞られた状態を想像して，通常の確率と同様に求める方が分かりやすいでしょう．

他の公式も紹介しておきます.

公式①の分母・分子を全事象の数 $n(U)$ で割ると, 次の式になります.

check ▷▷▷▶ $P_A(B)=\dfrac{P(A\cap B)}{P(A)}$ ……②

「場合の数」ではなく「確率」の比で計算できるということです. この式を使って $P_A(B)$ を求めることも多いです. 例題は後で紹介します.

私はこの式をなかなか覚えられません. いつも分母が $P(A)$ か $P(B)$ かで迷ってしまうのです. 分母を払った次の式が覚えやすいと思います.

check ▷▷▷▶ $P(A\cap B)=P(A)P_A(B)$ ……③

これを確率の乗法定理といいます. 非常によく使う定理です. A と B が同時に起こる確率は, A が起こる確率と, A が起こった条件下で B が起こる確率の積に等しいということです. A と B の両方が起こるには, まず A が起こり, 次にその条件下で B が起こるというイメージですから, 直感的には納得しやすいでしょう.

> 例題 36　2つの箱 A, B がある. 箱Aの中には赤玉1個と白玉1個が入っており, 箱Bの中には赤玉2個と白玉1個が入っている. 無作為に一方の箱を選び, 選んだ箱の中から玉を1個取り出す.
> 　箱Bを選び, かつ赤玉を取り出す確率を求めよ.

話はそれますが, 確率の問題では題意の把握のために簡単な図を描くとよいでしょう (図4). 文章で読むよりも図を見る方が, 頭の中にスッと入ってくる気がしませんか. また, 個人的には, 図を描くことで少しほっとします ☺

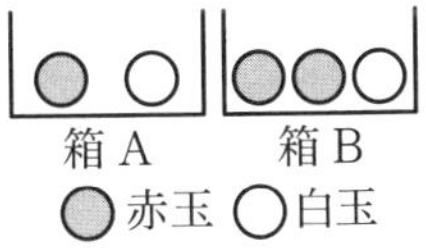

箱Bを選ぶという事象を B, 赤玉を取り出すという事象を R とします. 箱Bを選ぶ確率は $\dfrac{1}{2}$ ですから

$$P(B)=\dfrac{1}{2}$$

図4

です. また, 箱Bを選んだとき, 箱から赤玉を取り出す条件付き確率は, 3個の玉の中から2個ある赤玉のうちのどちらかを取り出す確率で

$$P_B(R)=\dfrac{2}{3}$$

です．求める確率はこれらの積で

$$P(B \cap R) = P(B)P_B(R) = \frac{1}{2} \cdot \frac{2}{3} = \frac{\boxed{\text{ウ}}}{\boxed{\text{エ}}}$$

ウ　1
エ　3

です．

---

check ▷▷▷▷　　確率を順番にかけていく

　先程の 例題 35 と同様に，あまり条件付き確率ということを意識する必要はない かもしれません．

　そもそも以前の教育課程では「条件付き確率」は教科書（当時は数学Ⅰ）から除外 されていました．しかし，なぜか乗法定理③を使う問題は教科書で扱われていたの です．厳密にはおかしな話ですが，状態の変化を追いながら確率をかけていくとと らえておけば，条件付き確率を知らなくても，なんとなく納得できてしまいます． 実際，私自身もこのタイプの問題は条件付き確率を特に意識していませんし，何人 かの生徒にも聞いてみましたが，同じ認識でした．

2　時間に逆行する条件付き確率

　先程の例とは異なり，時間に逆行するタイプの条件付き確率です．これこそがい かにも「条件付き確率」の問題です．

例題 37　2つの箱A，Bがある．箱Aの中には赤玉1個と白玉1個が入ってお り，箱Bの中には赤玉2個と白玉1個が入っている．無作為に一方の 箱を選び，選んだ箱の中から玉を1個取り出す．
　　　取り出した玉が赤玉であったとき，それが箱Bから取り出したもの である条件付き確率を求めよ．

　取り出した玉の色が分かった状態で考える問題ですから， その時点でどちらの箱を選んだのかは分かっているはずで す．確率も何もないだろうと思うのですが，残念ながらこ のような問題が多いのです．強引に解釈するならば，箱A， Bのどちらかが分からない状態で箱を選び，赤玉を取り出 した後にどちらの箱であったかを改めて確認するというこ とでしょう．

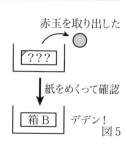

赤玉を取り出した

紙をめくって確認

箱B　デデン！
図5

check ▷▷▷▶ 　事象を設定して $P_A(B)=\dfrac{P(A\cap B)}{P(A)}$ を用いる

　時間に逆行していますから，直感的には考えにくいです．公式②を使って機械的に計算します．図6のような<u>表を書いておくと立式しやすい</u>です．

箱 A $\dfrac{1}{2}$		箱 B $\dfrac{1}{2}$	
◯	◯	◯	◯
$\dfrac{1}{2}$	$\dfrac{1}{2}$	$\dfrac{2}{3}$	$\dfrac{1}{3}$

図6

　赤玉を取り出すという事象を R，箱Bを選ぶという事象を B として

$$P_R(B)=\frac{P(R\cap B)}{P(R)}$$

を求めます．

　$P(R)$ は

(i) 箱Aを選び，その中から赤玉を取り出す

(ii) 箱Bを選び，その中から赤玉を取り出す

のいずれかになる確率です．それぞれの確率は，**例題 36** と同様に定理③を用いて求められ，またこれら2つの事象は排反ですから，確率の和をとります．

　箱Aを選ぶという事象を A として

$$P(R)=P(A\cap R)+P(B\cap R)$$

$$=\frac{1}{2}\cdot\frac{1}{2}+\frac{1}{2}\cdot\frac{2}{3}\quad\cdots\cdots④$$

$$=\frac{1}{4}+\frac{1}{3}=\frac{\boxed{オ}}{\boxed{カ}}$$

です．一方，$P(R\cap B)$ は $P(B\cap R)$ に等しいですから

$$P(R\cap B)=\frac{1}{2}\cdot\frac{2}{3}=\frac{\boxed{キ}}{\boxed{ク}}$$

です．よって，求める確率は

$$P_R(B)=\frac{P(R\cap B)}{P(R)}=\frac{\dfrac{\boxed{キ}}{\boxed{ク}}}{\dfrac{\boxed{オ}}{\boxed{カ}}}=\frac{\boxed{ケ}}{\boxed{コ}}$$

となります．

オ 7
カ 12
キ 1
ク 3
ケ 4
コ 7

　　分母の $P(R)$ の計算④の中に分子の $P(R \cap B)$ の計算が含まれていることに注意しましょう．他の問題でもこのようなことがよくあります．分子よりも先に分母の計算をすると効率がよいです．

29 ▶解答 P.42

　　2つのさいころを同時に投げるという試行を考える．少なくとも片方のさいころの出る目が偶数であるという事象を A，2つのさいころの出る目の積が4の倍数であるという事象を B とするとき，A が起きたという条件のもとで B の起きる確率を求めよ．

30 ▶解答 P.43

　　男子7人，女子5人の12人の中から3人を選んで第1グループを作る．次に，残った人の中から3人を選んで第2グループを作る．　　　　　　　　　　（慶應義塾大）

(1)　第1グループの男子の数が

　　　　0人である確率は　| ア |，

　　　　1人である確率は　| イ |，

　　　　2人である確率は　| ウ |，

　　　　3人である確率は　| エ |

　　である．

(2)　第1グループも第2グループも男子の数が1人である確率は　| オ |である．

　　また，第2グループの男子の数が1人である確率は　| カ |である．

(3)　第2グループの男子の数が1人であるとき，第1グループの男子の数も1人である確率は　| キ |である．

16 全事象のとり方を工夫する

ここが大事！ 全事象の数え方は自分で決められます．問題によって，効率のよい数え方をすることです．

1 全事象のとり方

11 確率の基本（▶P.53）で，確率の定義は $\dfrac{(\text{場合の数})}{(\text{全事象})}$ であると解説しました．

今回着目したいのは，その分母である全事象の数え方です．

なお，全事象の数え方のルールのことを「全事象のとり方」ということにします．

> check ▷▷▷▷ **全事象のとり方は自分で決めてよい**

個人的には，これが確率の醍醐味だと思っています．問題が与えられた時点で全事象のとり方が1通りに決まっているとは限りません．場合の数の問題とは違い，確率の問題では「区別するか，しないか」，「全体に着目するか，一部のみに着目するか」など，数え方のルールを自分で決められます．

ただし，何でもいいというわけではありません．注意することが2つあります．

> check ▷▷▷▷ **同様に確からしいか**

「今日は雨が降るか降らないか，2つに1つだから，今日の降水確率は50％だ．」というのがもし通用するのであれば，もはや天気予報は必要ありません☺ 毎日降水確率は50％です．もちろん，そんなはずはなく，雨が降りやすい日もあれば，そうでない日もあります．一般に，雨が降るか降らないかは同様に確からしくありません．ですから，たとえ「2つに1つ」であっても確率は $\dfrac{1}{2}$ ではないのです．天気予報バンザイ☺

全事象をとる際には，どの事象も同様に確からしいことを確認しなければなりません．ただ，よほど変なとり方をしなければ問題ないはずです．

第3章 確率（応用編）

$\dfrac{（場合の数）}{（全事象）}$ において，分母の全事象だけ数えられても意味がありません．同じルールで分子の場合の数も数えられることも重要です．

2　くじ引きの確率

具体例で確認しましょう．取り出したものを元に戻さない試行（非復元抽出といいます）の典型的な例である，「くじ引きの確率」の問題を取り上げます．

> **例題 38** 10本のくじが入った箱があり，そのうち3本が当たり，残り7本がはずれであるとする．10人が1本ずつ無作為にくじを引いていく．ただし，引いたくじは元に戻さない．このとき，2人目が当たりを引く確率を求めよ．

こういうくじ引きの問題は，「何番目に引いても確率は同じ」という有名事実があります．これを踏まえれば，答えは $\dfrac{3}{10}$ とすぐに出ます．

1人目が当たりを引くかどうかで場合分けし，**15** 条件付き確率 (▶P.69) で扱った「確率を順番にかけていく」方法 (▶P.72) で

$$\frac{3}{10}\cdot\frac{2}{9}+\frac{7}{10}\cdot\frac{3}{9}=\frac{27}{90}=\frac{3}{10}$$

とする人が多いです．もちろん，これは正しいですが，2人目ではなく6人目が当たりを引く確率だったら，場合分けが多すぎて困ります．そこで，全事象のとり方をいろいろ変えながら，$\dfrac{（場合の数）}{（全事象）}$ で求めてみます．

まずは，スタンダードな解法からいきましょう．

10本のくじをすべて区別して，10人全員のくじの引き方を考えます．3本の当たりを❶，❷，❸，7本のはずれを①，②，③，④，⑤，⑥，⑦として
　　　　⑥ ❷ ④ ① ⑦ ❸ ② ❶ ⑤ ③
のような順列を考えるイメージです．

10人のくじの引き方は 10! 通りあり，そのどれもが同様に確からしいです．これは無作為にくじを引くことで保証されています．その中で，2人目が当たりを引くのは，2人目がどの当たりを引くかで3通り，残り9人のくじの引き方が 9! 通りあることから，$3 \cdot 9!$ 通りあります．よって，求める確率は

$$\frac{3 \cdot 9!}{10!} = \frac{\boxed{ア}}{\boxed{イ}}$$

ア 3
イ 10

です．

次は，応用問題で活躍する解法です．

check ▷▷▷▷ **当たりくじ同士，はずれくじ同士は区別しない**

3本の当たりくじ同士，7本のはずれくじ同士は区別しないで，10人全員のくじの引き方を考えます．当たりくじを●，はずれくじを○として

　　○ ● ○ ○ ○ ● ○ ● ○ ○

のような模様の作り方を全事象にとるのです．

10人のくじの引き方は，どの3人が当たりを引くかを考えて $_{10}\mathrm{C}_3$ 通りあり，そのどれもが同様に確からしいです．ある特定の模様ができやすいということはありません．その中で，2人目が当たりを引くのは，2人目が当たりを引き，残り9人のうちの2人が当たりを引く場合で，その2人の組合せを考えて $_9\mathrm{C}_2$ 通りあります．求める確率は

$$\frac{_9\mathrm{C}_2}{_{10}\mathrm{C}_3} = \frac{36}{\dfrac{10 \cdot 9 \cdot 8}{3 \cdot 2}} = \frac{36}{120} = \frac{\boxed{ア}}{\boxed{イ}}$$

です．

最後は，くじ引きの確率で最も効率的な解法です．

check ▷▷▷▷ **対象者のくじの引き方のみに着目する**

前の2つの方法では10人全員のくじの引き方を考えましたが，今回は2人目のくじの引き方のみに着目します．残り9人が当たりを引こうがはずれを引こうが興味はありません．一方，10本のくじはすべて区別します．区別しないと，当たるかはずれるかの2つに1つで，同様に確からしい前提が崩れます．

第3章 確率（応用編）

　やはり，当たりを❶，❷，❸，はずれを①，②，③，④，⑤，⑥，⑦とするイメージで，2人目がどのくじを引くかを考えます．これは単純に10通りです．しかも，そのどれもが同様に確からしいです．ある特定のくじが引かれやすいということはありません．もしあったらイカサマです 😊　その中で，2人目が当たりを引くのは，3本ある当たりのどれかを引く場合で，3通りあります．よって，求める確率は

です．

　ただし，納得できない人が多いのではないでしょうか．例えば，「1人目が当たりを引いたら当たりが2本に減るんじゃないの？」という質問がよくありますが，これは大きな勘違いをしています．「1人目が当たりを引いたら」と言っていますが，この問題は，まだ誰もくじを引いていない段階で考えるものです．1人目が引いた後ではありません．どのくじも2人目が引く可能性はあるのです．しかもどのくじも対等ですから，2人目がどのくじを引くかは同様に確からしいです．よって，2人目のくじの引き方のみを全事象にとっても問題ありません．

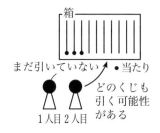

　もちろん，1人目がくじを引き，仮にそれが当たりだと分かった後，2人目が当たりを引く確率は $\frac{2}{9}$ です．これは条件付き確率です．1人目が当たりを引いた後，2人目が当たりを引く確率と，1人目がくじを引く前に，2人目が当たりを引く確率が異なるのは当たり前です．

---

check ▷▷▷▶　**何かをする前と後では確率が変わる**

　本書を読む前と読んだ後では合格率は変わるはずです 😊

　最後の解法は，最初は騙された感が強いと思いますが，決して騙してはいません．何度も読んでよく考えてみてください．これが納得できれば，確率の楽しさが少し分かるのではないでしょうか．

練 習 問 題

31 ▶解答 P.46

袋の中に白球 12 個と赤球 3 個がある．この袋から球を 1 個取り出す．これを 1
回の操作とする．1 度取り出した球は袋に戻さないとして，以下の問いに答えよ．

（京都府立大）

(1) 操作が 5 回行われたとき，袋の中の赤球の個数が 1 個であり，かつ 5 回目の操
作で取り出された球が赤球である確率を求めよ．

(2) n を 15 以下の自然数とする．操作が n 回行われたとき，袋の中の赤球の個数
が 1 個であり，かつ n 回目の操作で取り出された球が赤球である確率を n の多項
式で表せ．

(3) 操作が 15 回行われたとき，赤球が続けて 2 個以上取り出される確率を求めよ．

32 ▶解答 P.48

16 名の参加者が右のトーナメント表に従って勝ち上が
りを決めるゲームを行う．各対戦においては身長が高い方
を勝ちとする．16 名の参加者の身長はいずれも異なって
いるとき，5 番目に身長が高い人が準決勝に進出する確率
を求めよ．

（愛知医科大）

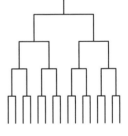

17 事象をまとめる

ここが大事！ 複数の事象があるとき，場合によっては，そのまま扱うよりもまとめて扱った方が楽な場合があります．まとめられる条件を確認しましょう．

1 事象をまとめる

「事象をまとめる」のは，確率の問題を解く上でかなり有効なテクニックです．確率が得意な人は無意識に使っているでしょうが，ここでは丁寧に解説します．

簡単な例題で確認しましょう．

例題 39 さいころを2回振るとき，出る目の和をSとする．Sが3の倍数になる確率を求めよ．

「こんなの$\frac{1}{3}$に決まっているでしょ.」と言う人は正解です．確率をよく分かっています．なぜ決まっているのかをかみくだいていきましょう．

なお，さいころを2回振る問題ですから，**11** 確率の基本 (▶P.53) で解説したとおり，表を書くのが有効ですが，さいころをn回振る問題でも同じように考えたいですから，ここでは表を封印しておきます．

1回目に出る目は1～6のいずれかです．この6通りで場合分けして，Sが3の倍数になるような2回目の目の出方を考えます．

(i) 1回目に1の目が出て，2回目に2か5の目が出る
(ii) 1回目に2の目が出て，2回目に1か4の目が出る
(iii) 1回目に3の目が出て，2回目に3か6の目が出る
(iv) 1回目に4の目が出て，2回目に2か5の目が出る
(v) 1回目に5の目が出て，2回目に1か4の目が出る
(vi) 1回目に6の目が出て，2回目に3か6の目が出る

となります．場合によって，2回目にどの目が出るべきかは異なりますが，いずれも2通りであることに着目しましょう．確率でいうと，どの場合も$\frac{2}{6} = \frac{1}{3}$で$S$が3の倍数になるということです．<u>1回目に出る目</u>によらず，確率$\frac{1}{3}$でSが3の倍数になるのですから，1回目に出る目で場合分けをするまでもありません．

check ▷▷▷▷ 　次への確率が同じであれば事象はまとめてよい

　1回目に任意の目（6通り）が出て，次に S が3の倍数になる目（2通り）が出る確率を考えます。「確率を順番にかけていく」方法で，求める確率は

$$1 \cdot \frac{1}{3} = \frac{\boxed{ア}}{\boxed{イ}}$$

ア 1
イ 3

です。最初の1は省いても結構です。

　これだけで「なるほど」と思えた人は大変優秀です。もう少し詳しく確認しておきます。普通に確率を計算するのであれば，(i)〜(vi) が排反であることに注意して，各場合の確率の和をとります。敢えてすべて書いてみると

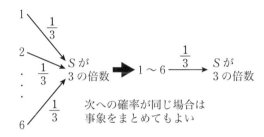

$$\frac{1}{6} \cdot \frac{1}{3} + \frac{1}{6} \cdot \frac{1}{3} + \frac{1}{6} \cdot \frac{1}{3} + \frac{1}{6} \cdot \frac{1}{3} + \frac{1}{6} \cdot \frac{1}{3} + \frac{1}{6} \cdot \frac{1}{3}$$

$$= \left(\frac{1}{6} + \frac{1}{6} + \frac{1}{6} + \frac{1}{6} + \frac{1}{6} + \frac{1}{6} \right) \cdot \frac{1}{3} = 1 \cdot \frac{1}{3} = \frac{\boxed{ア}}{\boxed{イ}}$$

となります。この $\frac{1}{3}$ でくくることをあらかじめやっておいたのが，上の「事象をまとめる」考え方です。今回は次への確率 $\frac{1}{3}$ がすべての場合で共通ですから，場合分けして個別に立式する必要はなく，まとめて立式すればよいのです。

　なお，今回は1回目の確率もすべて $\frac{1}{6}$ で共通ですが，これは異なっていても事象はまとめられます。

check ▷▷▷▷ 　まとめる事象の確率は異なっていてもよい

　あくまで「次への確率」が同じであることが重要です。

　今回の例題ではさいころを2回振りましたが，n 回振っても結果は同じです。$(n-1)$ 回の目の和がいくつであっても S が3の倍数になるような n 回目の目の出

方は 2 通りです．$(n-1)$ 回目までは任意の目を出し，次に S が 3 の倍数になる目（2 通り）を出す確率ですから，やはり $\dfrac{1}{3}$ です．

2　例え話でイメージをつかむ

　予備校で教えるときによく使っている例えです．

　身近な例として，ある 3 つの予備校を考えましょう．

　A予備校は非常に合格率が高く，妄想込みで合格率は 1 とします😊 入れば必ず志望校に受かる理想的

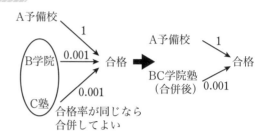

な予備校です．B 学院や C 塾はあまり実績がよくなく，どちらも合格率が 0.001 と極端に低いとします．実際，こんな予備校はつぶれてしまいそうですが，あくまで仮定の話です．

　さて，この状況なら，B 学院と C 塾は合併しても合格率は変わりません．別々の看板を掲げていても実績は同じなのですから，授業ではよく「合併しろ！」と言っています😊　一方，A 予備校と B 学院は合格率が違いますから，合併すると合格率が変わってしまいます．特にA 予備校にとってはメリットが何もなく，安易に合併すべきではありません．

　よって，合併しても問題ないのはB 学院と C 塾です．次への確率が同じですからまとめてもよいのです．

　非常に分かりやすい例ではないでしょうか．なお，A，B，C の名称は実在の予備校とは一切関係ありません😊

練習問題

33　▶解答 P.50

　箱の中に 1，2，3，4，5 の数が一つずつ書いてある 5 枚のカードが入っている．この箱の中から 1 枚のカードを取り出し，取り出したカードに書かれた数を確認して箱に戻すという操作を繰り返す．この操作で，それまでに取り出したカードに書かれた数の和（取り出したカードが 1 枚だけのときは，そのカードに書かれた数）が 3 の倍数になったとき，この操作を止めるものとし，ちょうど n 回目で操作を止める確率を p_n とおく．次の問いに答えなさい．

（長崎県立大・改）

(1)　p_1，p_2 を求めなさい．

(2)　$n \geq 3$ のとき，p_n を求めなさい．

18 樹形図を利用する

☞

ここが大事！ 場合の数で樹形図を用いましたが，確率でも樹形図は有効です．座標平面での樹形図も使えるようにしましょう．

1 樹形図で状態の変化をとらえる

場合の数の問題と同様に，状態の変化を樹形図を描いてとらえます．

例題 40 袋の中に赤玉1個と白玉1個が入っている．この袋の中から無作為に1個の玉を取り出し，取り出した玉と同じ色の玉を1個加えて袋の中に戻す，という試行を考える．つまり，1回の試行で袋の中の玉は1個増える．

この試行を3回繰り返すとき，袋の中の赤玉が3個になる確率を求めよ．

赤玉が a 個，白玉が b 個ある状態を $\begin{pmatrix} a \\ b \end{pmatrix}$ と表すことにします．1回の試行で，袋の中の赤玉か白玉のうち一方だけが1個増えることに注意して，3回後までの状態の変化をとらえましょう．起こりうる状態をすべて描きます．毎回，赤玉が増えるか白玉が増えるかの2択ですから，どの状態からも2つに枝分かれしていきますが，合流する枝もあります．

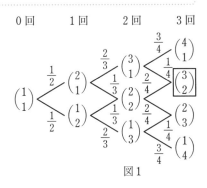
図1

---

check ▷▷▷▷ 推移確率を樹形図に書き込んでおく

ある状態から別の状態へと状態が推移する確率を推移確率といいます．推移確率を樹形図に書き込んでおくと便利です．今回は図1のような樹形図を描きます．

3回後に袋の中の赤玉が3個になるのは，図1の四角で囲った $\begin{pmatrix} 3 \\ 2 \end{pmatrix}$ になる場合で，状態の変化は

(i) $\begin{pmatrix} 1 \\ 1 \end{pmatrix} \to \begin{pmatrix} 2 \\ 1 \end{pmatrix} \to \begin{pmatrix} 3 \\ 1 \end{pmatrix} \to \begin{pmatrix} 3 \\ 2 \end{pmatrix}$ (ii) $\begin{pmatrix} 1 \\ 1 \end{pmatrix} \to \begin{pmatrix} 2 \\ 1 \end{pmatrix} \to \begin{pmatrix} 2 \\ 2 \end{pmatrix} \to \begin{pmatrix} 3 \\ 2 \end{pmatrix}$

(iii) $\begin{pmatrix} 1 \\ 1 \end{pmatrix} \rightarrow \begin{pmatrix} 2 \\ 2 \end{pmatrix} \rightarrow \begin{pmatrix} 2 \\ 2 \end{pmatrix} \rightarrow \begin{pmatrix} 3 \\ 2 \end{pmatrix}$

のいずれかです．どの確率も， 15 条件付き確率（▶P.69）で扱った「確率を順番に
かけていく」方法（▶P.72）で計算できます．例えば，(i)の確率は，図1の

$$\begin{pmatrix} 1 \\ 1 \end{pmatrix} \xrightarrow{\frac{1}{2}} \begin{pmatrix} 2 \\ 1 \end{pmatrix}, \begin{pmatrix} 2 \\ 1 \end{pmatrix} \xrightarrow{\frac{2}{3}} \begin{pmatrix} 3 \\ 1 \end{pmatrix}, \begin{pmatrix} 3 \\ 1 \end{pmatrix} \xrightarrow{\frac{1}{4}} \begin{pmatrix} 3 \\ 2 \end{pmatrix}$$

の3つの矢印の上に書かれた推移確率 $\frac{1}{2}$, $\frac{2}{3}$, $\frac{1}{4}$ を順番にかけて

$$\frac{1}{2} \cdot \frac{2}{3} \cdot \frac{1}{4}$$

です．(ii), (iii)の確率も同様に立式できますから，求める確率は

$$\frac{1}{2} \cdot \frac{2}{3} \cdot \frac{1}{4} + \frac{1}{2} \cdot \frac{1}{3} \cdot \frac{2}{4} + \frac{1}{2} \cdot \frac{1}{3} \cdot \frac{2}{4}$$

$$= \frac{1}{12} + \frac{1}{12} + \frac{1}{12} = \boxed{\frac{\text{ア}}{\text{イ}}}$$

> ア 1
> イ 4

となります．

　参考までに，3回後，袋の中の赤玉が4個，2個，1個になる確率もすべて $\frac{1}{4}$ にな
ります．非常に美しい結果ですね．ぜひ確認してみてください．
　なお，今回の例題は「ポリアの壺」という有名問題です．

2　座標平面での樹形図

　ある事象が起こるか起こらないかの2択の反復試行を1次元ランダムウォークと
いいます．本書では，単に「ランダムウォーク」と呼ぶことにします．ランダムウ
ォークでは，各試行ごとに事象が2つに枝分かれしていきます．

> 例題 41 DとGの2チームが野球の試合を繰り返し行う．各試合でDが勝つ確
> 率は $\frac{2}{3}$，Gが勝つ確率は $\frac{1}{3}$ であり，引き分けはないとする．
> 　7試合行うとき，どの試合後もDとGの勝利数の差が1以下になる
> 確率を求めよ．

チーム名に他意はありません 😊
典型的なランダムウォークの問題です．「どの試合後も」とあるのがポイントで

す．もし「7試合後にDとGの勝利数の差が1以下になる確率を求めよ．」であれば，ただの反復試行の確率の問題です．Dが4勝3敗または3勝4敗となる確率ですから，反復試行の確率の公式

　　（場合の数）×（1回当たりの確率）　　（▶P.66）

を用いて

$$_7C_4\left(\frac{2}{3}\right)^4\left(\frac{1}{3}\right)^3 + {}_7C_3\left(\frac{2}{3}\right)^3\left(\frac{1}{3}\right)^4$$

$$=\frac{7\cdot6\cdot5}{3\cdot2}\cdot\frac{2^4}{3^7}+\frac{7\cdot6\cdot5}{3\cdot2}\cdot\frac{2^3}{3^7}$$

$$=\frac{35\cdot2^3(2+1)}{3^7}=\frac{35\cdot2^3}{3^6}=\frac{\boxed{ウ}}{\boxed{エ}}$$

> ウ 280
> エ 729

と求められます．

　このように最終的な結果のみに関する条件であれば，単なる反復試行の確率の問題ですから，公式を使うだけです．しかし，この例題のように途中経過にも条件が付くと話は変わります．公式を使うだけではうまくいきません．

---

check ▷▷▶▶　座標平面で樹形図を描く

　ランダムウォークの問題では，1回の試行ごとにある値が1増えるか1減るかとみなせることが多いです．そこで，縦軸にその値，横軸に試行回数をとり，樹形図を描きます．

　これが意外と受験生（大人も？）に認知されていません．私はある予備校で，15年以上にわたって名古屋大の入試解答速報を担当しています．名古屋大では2015，2017年にランダムウォークの問題が出題され，私は座標平面での樹形図を描いて解答を書きましたが，試験翌日の新聞に載っていた，某予備校の解答はそうではありませんでした．「よし，勝った！」と思ったのは内緒です 😉

　では，**例題41**にもどって，実際に樹形図を描いてDとGの勝利数の差の変化をとらえましょう．

　横軸に試合数，縦軸に

　　（Dの勝利数）−（Gの勝利数）（$=y$とおく）

をとります．

---

check ▷▷▶▶　題意を満たす事象の変化のみを樹形図に描く

第3章　確率（応用編）

　DとGの勝利数の差が1以下というということは

$$y = -1,\ 0,\ 1$$

ということですから，7試合後まで常に $y = -1,\ 0,\ 1$ であるような樹形図を描くと，図2になります．もちろん，実際には $y = 1$ の次に $y = 2$ になる可能性もありますが，それは不適ですから，$y = 1$ の次は $y = 0$ になります．同様に，$y = -1$ の次も $y = 0$ です．

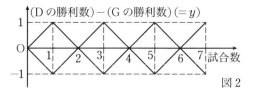

(Dの勝利数)－(Gの勝利数)(＝y)

図2

　図から，2回ごとに $y = 0$ となり，最後の7試合目はDが勝ってもGが勝ってもどちらでもよいことが分かります．

　　試合数 ： 0　　2　　4　　6　　　7
　　y　　 ： 0 → 0 → 0 → 0 → －1, 1

のイメージです．各矢印の確率を求めて順番にかけます．

　$y = 0$ のとき，2試合後 $y = 0$ となるのは，D，Gの順に勝つか，G，Dの順に勝つ場合で，この確率は

$$\frac{2}{3} \cdot \frac{1}{3} + \frac{1}{3} \cdot \frac{2}{3} = \frac{\boxed{オ}}{\boxed{カ}}$$

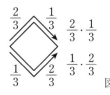

図3

です．これはD，Gが1回ずつ勝つ確率ですから，反復試行の確率の公式を用いて

$$_2C_1 \cdot \frac{2}{3} \cdot \frac{1}{3} = \frac{\boxed{オ}}{\boxed{カ}}$$

> **オ** 4
> **カ** 9

としてもよいです．

　$y = 0$ のとき，1試合後必ず $y = -1,\ 1$ となりますから，この確率は1です．
　結果をまとめると

　　試合数 ： 0　　2　　4　　6　　　7
　　y　　 ： 0 $\xrightarrow{\frac{4}{9}}$ 0 $\xrightarrow{\frac{4}{9}}$ 0 $\xrightarrow{\frac{4}{9}}$ 0 $\xrightarrow{1}$ －1, 1

ですから，求める確率は

$$\left(\frac{4}{9}\right)^3 \cdot 1 = \frac{\boxed{キ}}{\boxed{ク}}$$

> **キ** 64
> **ク** 729

となります．

34 ▶解答 P.52

xy 平面上を動く点Pが，最初に座標 $(2, 0)$ の位置にある．白玉 2 個，赤玉 1 個，青玉 1 個が入っている袋から玉を 1 個取り出し，色を調べてからもとに戻す．取り出した玉の色によって，次のようにPを移動し硬貨をもらう試行を考える．

Pが座標 (m, n) の位置にあるとき，
- 取り出した玉の色が白色ならば，P は座標 $(m+1, n)$ の位置へ移動
- 取り出した玉の色が赤色ならば，P は座標 $(m, n+1)$ の位置へ移動
- 取り出した玉の色が青色ならば，P は座標 $(m-1, n)$ の位置へ移動

移動後に，P の x 座標と y 座標の和が 0 または 3 のとき，硬貨を 1 枚もらう．この試行を 4 回続けて行う．

このとき，3 回目の試行で初めて硬貨をもらう確率は ［ ア ］ であり，4 回目の試行で硬貨をもらい，かつ，もらう硬貨の総数が 2 枚となる確率は ［ イ ］ である．

（東京慈恵会医科大）

35 ▶解答 P.54

床の上にある第 0, 1, 2, 3 段からなる階段を上下に移動することを考える．ただし，床を第 0 段とし，初めは床にいるものとする．1 度の移動のルールは以下の通りである．
- 床にいる場合は必ず第 1 段に移動する．
- 第 1 段にいる場合は，床か第 2 段のどちらかにそれぞれ確率 $\frac{1}{2}$ で移動する．
- 第 2 段にいる場合は，第 1 段か第 3 段のどちらかにそれぞれ確率 $\frac{1}{2}$ で移動する．

第 3 段に到達したらそれ以降は移動しない． （奈良県立医科大）

(1) 3 回目の移動後に第 3 段にいる確率は ［ ア ］ である．

(2) 4 回目の移動までは第 3 段に到達せず，5 回目の移動後に第 1 段にいる確率は ［ イ ］ である．

(3)　6回目の移動までは第3段に到達せず，7回目の移動後に第3段にいる確率は $\boxed{\text{ウ}}$ である．

(4)　$2n$ 回目の移動までは第3段に到達せず，$(2n+1)$ 回目の移動後に第3段にいる確率は $\boxed{\text{エ}}$ である．

36 ▶解答 P.56

正八角形の頂点を反時計回りに A，B，C，D，E，F，G，H とする．また，投げたとき表裏の出る確率がそれぞれ $\dfrac{1}{2}$ のコインがある．

点Pが最初に点Aにある．次の操作を10回繰り返す．

　　操作：コインを投げ，表が出れば点Pを反時計回りに隣接する頂点に移動させ，裏が出れば点Pを時計回りに隣接する頂点に移動させる．

例えば，点Pが点Hにある状態で，投げたコインの表が出れば点Aに移動させ，裏が出れば点Gに移動させる．

以下の事象を考える．

　　事象 S：操作を10回行った後に点Pが点Aにある．

　　事象 T：1回目から10回目の操作によって，点Pは少なくとも1回，点Fに移動する．　　　　　　　　　　　　　　　　　（東京大）

(1)　事象 S が起こる確率を求めよ．

(2)　事象 S と事象 T がともに起こる確率を求めよ．

19　ベン図を利用する

ここが大事！ 樹形図と並んで非常によく使われるのがベン図です．どの事象をメインにしてベン図を描くかに注意しましょう．

1　ベン図の描き方

　樹形図とベン図は，確率の問題を解く上で非常に大きな助けになります．今回はベン図の正しい描き方から確認していきます．

> **例題 42** さいころを 3 回振るとき，出る目の積を X とする．
> (1)　X が 3 の倍数になる確率を求めよ．
> (2)　X が 6 の倍数になる確率を求めよ．

　3 回ですから直接求めることも可能ですが，n 回でも使える解法をとります．

---

check ▷▷▷▷　「積が○の倍数」の確率は余事象を考える

　「少なくとも 1 回△が出る」という事象に帰着できることが多いからです．

　X が 3 の倍数になるのは，少なくとも 1 回 3 の倍数の目が出る場合ですから，(1)は，余事象の，X が 3 の倍数でない場合を考えます．3 の倍数の目 3, 6 が 1 回も出ない (1, 2, 4, 5 のみ出る) 場合です．反復試行ととらえ，この確率は

$$\left(\frac{4}{6}\right)^3 = \left(\frac{2}{3}\right)^3 = \frac{\boxed{ア}}{\boxed{イ}}$$

です．求める確率は，1 からこの確率を引いて

$$1 - \frac{\boxed{ア}}{\boxed{イ}} = \frac{\boxed{ウ}}{\boxed{エ}}$$

です．

> ア 8
> イ 27
> ウ 19
> エ 27

　(2)が問題です．X が 6 の倍数でない場合を考えますが，6 の倍数の目 6 が 1 回も出ない (1, 2, 3, 4, 5 のみ出る) 場合ではありません．6 は素数ではありませんから，6 が出なくても，例えば 2 と 3 が出れば X は 6 の倍数になってしまいます．

　慎重に確認しましょう．X が 6 の倍数となるのは「X が 2 の倍数である，かつ X

が3の倍数である」ということです. よって, 余事象は「Xが2の倍数でない, またはXが3の倍数でない」です.

---

check ▷▷▷▷ **複数の事象を扱う際にはベン図を描く**

全事象をUとし, Xが2の倍数<u>でない</u>という事象をA, Xが3の倍数<u>でない</u>という事象をBとして, 図1のようなベン図を描きます. 余事象の方が考えやすいのですから, <u>余事象をメインとしたベン図を描く</u>のです.

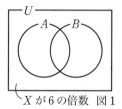

Xが6の倍数 図1

---

check ▷▷▷▷ **扱いやすい事象をメインにベン図を描く**

もちろん, Xが2の倍数<u>である</u>という事象をC, Xが3の倍数<u>である</u>という事象をDとして, 図2のようなベン図も描けますが, この図を見ても余事象が考えにくいですから, 確率の立式につながりません.

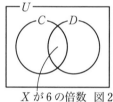

Xが6の倍数 図2

図1のベン図を見ながら立式します. 余事象は$A \cup B$ですから, 求める確率は

$$1 - P(A \cup B)$$

です. ◉＝○＋○－◌ のイメージで

$$P(A \cup B) = P(A) + P(B) - P(A \cap B) \quad \cdots\cdots①$$

を用います.

Aが起こるのは, 2の倍数の目2, 4, 6が1回も出ない(1, 3, 5のみ出る)場合ですから

$$P(A) = \left(\frac{3}{6}\right)^3 = \frac{27}{216}$$

です. 先の計算を考えて, 約分しない方がよいでしょう. また, (1)より

$$P(B) = \left(\frac{4}{6}\right)^3 = \frac{64}{216}$$

です. $A \cap B$が起こるのは, 2の倍数の目2, 4, 6と3の倍数の目3, 6が1回も出ない(1, 5のみ出る)場合で

$$P(A \cap B) = \left(\frac{2}{6}\right)^3 = \frac{8}{216}$$

です．よって

$$P(A \cup B) = P(A) + P(B) - P(A \cap B)$$

$$= \frac{27}{216} + \frac{64}{216} - \frac{8}{216} = \frac{\boxed{オ}}{\boxed{カ}}$$

オ 83
カ 216
キ 133
ク 216

ですから，求める確率は

$$1 - P(A \cup B) = 1 - \frac{\boxed{オ}}{\boxed{カ}} = \frac{\boxed{キ}}{\boxed{ク}}$$

となります．

　なお，この例題は反復試行の確率ととらえず，$\dfrac{(\text{場合の数})}{(\text{全事象})}$ を用いてもよいです．ベン図は同じですが，確率の公式①の代わりに，場合の数の公式

$$n(A \cup B) = n(A) + n(B) - n(A \cap B)$$

を用いると

$$n(A \cup B) = 3^3 + 4^3 - 2^3 = 27 + 64 - 8 - \boxed{オ}$$

です．一方，全事象の数は $n(U) = 6^3 = 216$（通り）ですから，求める確率は

$$1 - \frac{n(A \cup B)}{n(U)} = 1 - \frac{\boxed{オ}}{\boxed{カ}} = \frac{\boxed{キ}}{\boxed{ク}}$$

です．

　補足です．前のページで定義した事象 C, D を用いると，X が 6 の倍数というのは $C \cap D$ のことです．C, D はそれぞれ A, B の余事象ですから，求める確率は

$$P(C \cap D) = P(C)P(D) = P(\overline{A})P(\overline{B})$$
$$= \{1 - P(A)\}\{1 - P(B)\}$$
$$= \left\{1 - \left(\frac{3}{6}\right)^3\right\}\left\{1 - \left(\frac{4}{6}\right)^3\right\}$$
$$= \left(1 - \frac{1}{8}\right)\left(1 - \frac{8}{27}\right) = \frac{7}{8} \cdot \frac{19}{27} = \frac{133}{216}$$

となります．いや，なりません 😊　これはたまたま結果が合っただけです．　13
独立試行の確率（▶P.61）でも触れましたが，同じ試行の結果として起こる 2 つの事象は独立かどうかが自明ではありません．今回 C, D は同じ試行の結果 X に関する事象ですから，最初の

$$P(C \cap D) = P(C)P(D)$$

第3章　確率（応用編）

が成り立つ保証はありません．結果は合っていますが，論理的におかしいのです．

---

check　▷▷▷▶　**同じ試行の結果である複数の事象はベン図を用いて考える**

例題 42 が典型的な例です．このような問題で覚えておきましょう．

2　ベン図に関する小ネタ

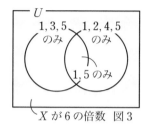

X が6の倍数　図3

　ベン図の描き方の補足です．図1では事象の名前 A，B を図に書き込みましたが，抽象的で分かりにくいという欠点があります．

　そこで，もっと具体的な内容を書き込むという手があります．A は2の倍数の目が出ない，すなわち1，3，5のみ出るという事象ですから，そのまま「1，3，5のみ」と書き込むのです．B についても同様に「1，2，4，5のみ」とします．$A \cap B$ については書き込まなくても結構ですが，もし書き込むのなら，「1，5のみ」とします．その結果が図3です．見た目の美しさは図1より劣るかもしれませんが，個人的には図3の方が実用的である気がします．

　もちろん，これは好みの問題ですから，どちらを使っても結構です．

　私は仕事柄，受験生の答案を大量に分析することがあるのですが，最近見たある模擬試験の答案では，現役生に比べ明らかに浪人生の方がベン図をうまく使えていました．やはり樹形図，ベン図など，確率で有効な作図は，現役生にはあまり浸透していないのかもしれません．このような手法で差がつくようです．

　あと，どうでもいいことですが，見ていた答案の中に「べん図」というひらがな書きのものがありました．ずいぶん可愛い印象に変わりますね☺

練 習 問 題

37 ▶解答 P.58

　4 個のサイコロを同時に投げるとき，以下の問いに答えよ． （奈良教育大）

(1)　4 個のサイコロすべてが 4 以下の目が出る確率を求めよ．

(2)　4 個のサイコロの出た目の最大値が 4 である確率を求めよ．

(3)　4 個のサイコロの出た目の最大値が 4 で最小値が 2 である確率を求めよ．

38 ▶解答 P.59

　次の文章を読み，下の問いに答えよ．5 個の黒石と 5 個の白石がある．これを無作為に横一列に並べる． （埼玉医科大）

(1)　黒石が 5 個連続して並ぶ確率は　□ ア □　である．

(2)　黒石が 4 個連続して並ぶ確率は　□ イ □　である．ただし，黒石が 5 個連続した並び方は含めない．

(3)　黒石と白石のいずれか一方または両方が 4 個連続して並ぶ確率は　□ ウ □　である．ただし，同じ色の石が 5 個連続した並び方は含めない．

20 確率の最大

ここが
大事! 確率の最大は、隣接2項間の大小を比べることによって増減を調べます。一般に、差をとるよりも比をとる方が楽です。

1 数列の最大・最小

このセクションと次の 21 確率漸化式 (▶P.97) は数学Bの「数列」の知識も使います。未習の方は読み飛ばしてください。

一般に、数列 $\{a_n\}$ の最大・最小は、その増減を調べるために

(i) $a_{n+1} - a_n$ の符号

(ii) $\dfrac{a_{n+1}}{a_n} - 1$ の符号（常に $a_n > 0$ のとき）

のいずれかを調べます。

---

check ▷▷▷▶ **ずらして「差をとる」か「比をとる」**

(ii)は比と1との大小を比べています。分数が1より大きければ分母より分子の方が大きく、1より小さければ分子の方が小さいということを使います。ただし、負の項が含まれると比をとる意味がありません。常に正の数列のみに使える方法です。

(i)、(ii)のいずれの場合も

$$\begin{cases} + \implies a_n \text{ は増加} \\ - \implies a_n \text{ は減少} \end{cases}$$

となります。

結果、符号の変わり目に着目することになります。

2 確率の最大

確率は0でなければ常に正です。また、確率の式には組合せ $_nC_r$ や階乗 $n!$、指数 a^n の形が含まれることが多く、その場合、$\dfrac{p_{n+1}}{p_n}$ のように項をずらして比をとると、約分できて式がシンプルになります。よって、「確率の最大」の問題では、差をとるよりも比をとることが多いです。

> check ▷▷▷▷　「確率の最大」では，ずらして比をとる

例題 43　さいころを 6 回振るとき，3 の倍数の目がちょうど n 回出る確率を
　　　　　p_n $(n=0, 1, \cdots, 6)$ とする．p_n を最大にする n を求めよ．

　3 の倍数の目は 3 と 6 の 2 通りありますから，反復試行の確率の公式を用いて，
$n=0, 1, 2, 3, 4, 5, 6$ のとき

$$p_n = {}_6C_n \left(\frac{2}{6}\right)^n \left(\frac{4}{6}\right)^{6-n} = {}_6C_n \left(\frac{1}{3}\right)^n \left(\frac{2}{3}\right)^{6-n}$$

です．よって，$\underline{n=0, 1, 2, 3, 4, 5}$ のとき

$$\frac{p_{n+1}}{p_n} - 1 = \frac{{}_6C_{n+1} \left(\frac{1}{3}\right)^{n+1} \left(\frac{2}{3}\right)^{5-n}}{{}_6C_n \left(\frac{1}{3}\right)^n \left(\frac{2}{3}\right)^{6-n}} - 1 = \frac{\frac{6-n}{n+1} \cdot \frac{1}{3}}{\frac{2}{3}} - 1$$

$$= \frac{6-n}{2(n+1)} - 1 = \frac{6-n-2(n+1)}{2(n+1)} = \frac{4-3n}{2(n+1)}$$

です．なお，p_{n+1} があるため $n=6$ を省いています．この符号を調べるため，例え
ば $\frac{p_{n+1}}{p_n} - 1 > 0$ とすると

$$4 - 3n > 0 \qquad \therefore \quad n < \frac{4}{3}$$

となります．$n=0, 1, 2, 3, 4, 5$ に注意すると

$$\begin{cases} n=0, 1 \text{ のとき} & p_n < p_{n+1} \\ n=2, 3, 4, 5 \text{ のとき} & p_n > p_{n+1} \end{cases}$$

です．増減は，このように，左辺に p_n，右辺に p_{n+1} を書くとまとめやすく，実際

$$p_0 < p_1 < p_2, \ p_2 > p_3 > p_4 > p_5 > p_6$$

となります．ゆえに，p_n を最大にする n は $n = \boxed{}^{ア}$ です．

ア 2

　なお，最後の不等式は

$$p_0 < p_1 < p_2 > p_3 > p_4 > p_5 > p_6$$

のように 1 つにまとめて書くこともありますが，2 つの不等号「＜」，「＞」が混在す
る不等式は正式な表現ではないようです．私は，厳密性よりも分かりやすさを優先
するときには，授業でも使っています 😊

　途中計算の補足をしておきます．まず，p_{n+1} は，p_n において n を $n+1$ に置き換
えたものです．$6-n$ の部分は $6-(n+1)=5-n$ となります．なんとなく 1 をた
して $7-n$ とはならないことに注意しましょう．

第3章　確率（応用編）

$\dfrac{_6\mathrm{C}_{n+1}}{_6\mathrm{C}_n}$ の約分は

$$\frac{_6\mathrm{C}_{n+1}}{_6\mathrm{C}_n}=\frac{\dfrac{6\cdot5\cdot\cdots\cdot\{6-(n+1)+1\}}{(n+1)!}}{\dfrac{6\cdot5\cdot\cdots\cdot(6-n+1)}{n!}}=\frac{\dfrac{6\cdot5\cdot\cdots\cdot(7-n)(6-n)}{(n+1)!}}{\dfrac{6\cdot5\cdot\cdots\cdot(7-n)}{n!}}=\frac{6-n}{n+1}$$

としています.

　また，最初から p_n を整理し

$$p_n=\frac{6!}{n!(6-n)!}\cdot\frac{2^{6-n}}{3^6}=\frac{6!}{3^6}\cdot\frac{2^{6-n}}{n!(6-n)!}$$

としてから，ずらして比をとってもよいです．定数部分は相殺しますから省略し

$$\frac{p_{n+1}}{p_n}-1=\frac{\dfrac{2^{5-n}}{(n+1)!(5-n)!}}{\dfrac{2^{6-n}}{n!(6-n)!}}-1=\frac{6-n}{2(n+1)}-1=\frac{4-3n}{2(n+1)}$$

とできます．大きな差はありませんから，分かりやすい方で計算してください．

39 ▶解答 P.63

　袋の中に白球が 20 個，赤球が 50 個入っている．この袋の中から球を 1 球取り出し，色を調べてから袋に戻す．これを 40 回くり返す．このとき，白球が n 回取り出される確率を p_n とする． （早稲田大・改）

(1) $\dfrac{p_{n+1}}{p_n}=\boxed{\quad\text{ア}\quad}$ である．

(2) 白球が取り出される確率が最大になるのは，白球が $\boxed{\quad\text{イ}\quad}$ 個取り出されるときである．

40 ▶解答 P.64

　n を自然数とする．袋Aには赤球 7 個と白球 n 個入っている．中身をよくかき混ぜた後で，袋Aから球を同時に 2 個取り出す．袋Aから取り出した 2 個の球の色が異なる確率を p_n とするとき，以下の問いに答えよ．

(1) p_n を n の式で表せ．

(2) p_n が最大となる n の値を求めよ．またそのときの p_n の値を求めよ．

21 確率漸化式

「漸化式の立て方」だけでなく，「どのような問題で漸化式を立てるのか」まで，きちんと押さえましょう．

1 漸化式の立て方

確率の入試問題において，定番のテーマの1つが確率漸化式です．これも数学Bの「数列」との融合で，漸化式を用いて確率の問題を解くのです．

> **例題 44** さいころを n 回振るとき，1の目が出る回数を X_n とし，X_n が偶数である確率を p_n とする．
> (1) p_1 を求めよ．
> (2) p_{n+1} を p_n を用いて表せ．
> (3) p_n を求めよ．

(1)は X_1 が偶数になる確率を求めます．X_1 のとりうる値は 0，1 ですから，X_1 が偶数になるのは $X_1=0$ のときです．1回目に1以外の目が出る確率を考えて

$$p_1=\frac{\boxed{\text{ア}}}{\boxed{\text{イ}}}$$

ア 5
イ 6

です．

(2)で漸化式を立てます．漸化式を立てるコツを紹介しましょう．

> check ▷▷▷▶ **最初か最後で場合分け**

最初(1回目)か最後(n回目)で場合分けしますが，多くの問題では最後で場合分けが有効です．今回もそうです．

p_{n+1} を p_n で表しますから，X_{n+1} が偶数になるときを考えます．X_n の偶奇で場合分けします．

X_n が偶数のときは，次に1の目が出ると，X_{n+1} は奇数になり不適です．1以外の目が出ると，X_{n+1} は偶数であり適します．

X_n が奇数のときは，次に1の目が出ると，X_{n+1} は偶数になり適します．1以外

の目が出ると, X_{n+1} は奇数であり不適です.

　まとめます. X_{n+1} が偶数になるのは

(ⅰ)　X_n が偶数で, 次に1以外の目が出る

(ⅱ)　X_n が奇数で, 次に1の目が出る

のいずれかです.

　図1のような推移図を描くと分かりやすいでしょう. <u>推移確率も書き込む</u>ことで, 立式しやすくなります.

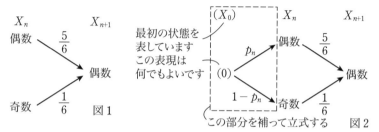

では, 漸化式を立てます.

　X_n が偶数である確率は p_n ですから, X_n が奇数である確率は, その余事象の確率で $1-p_n$ です. (ⅰ), (ⅱ)の確率はともに「確率を順番にかけていく」方法 (▶P.72) で求められ, また, (ⅰ)と(ⅱ)は排反ですから, それぞれの確率の和をとります. 最初は図2のような, より詳しい推移図を想像するのもありです.

　よって

$$p_{n+1}=p_n\cdot\frac{5}{6}+(1-p_n)\cdot\frac{1}{6}$$

$$p_{n+1}=\frac{\boxed{ウ}}{\boxed{エ}}p_n+\frac{\boxed{オ}}{\boxed{カ}}$$

となります.

> ウ　2
> エ　3
> オ　1
> カ　6

(3)は漸化式を解くだけです. 2項間漸化式の有名な解法を用います. p_{n+1}, p_n を形式的に α と置き換えた式を作り, 辺ごとに引きます. 実際

$$p_{n+1}=\frac{2}{3}p_n+\frac{1}{6}$$

$$\alpha=\frac{2}{3}\alpha+\frac{1}{6}\quad\left(\rightarrow\alpha=\frac{1}{2}\right)$$

を辺ごとに引いて (α の値も代入して)

$$p_{n+1}-\frac{1}{2}=\frac{2}{3}\left(p_n-\frac{1}{2}\right)$$

と変形します. 数列 $\left\{p_n-\dfrac{1}{2}\right\}$ は公比 $\dfrac{2}{3}$ の等比数列ですから

$$p_n - \frac{1}{2} = \left(p_1 - \frac{1}{2}\right)\left(\frac{2}{3}\right)^{n-1} = \frac{\boxed{キ}}{\boxed{ク}}\left(\frac{2}{3}\right)^{n-1}$$

よって

$$p_n = \frac{\boxed{キ}}{\boxed{ク}}\left(\frac{2}{3}\right)^{n-1} + \frac{\boxed{ケ}}{\boxed{コ}}$$

です.

　なお，一般項の立式で $p_1 - \frac{1}{2}$ の形を残すのがよいです．p_1 の値によらず同じように処理できますし，初項に関するミスを防ぐためです.

2 漸化式を立てるかどうか

　例題 44 では，「p_{n+1} を p_n を用いて表せ．」という，漸化式を立てる誘導がありましたが，いつもそのような誘導があるとは限りません.

　よく，「n 回後の確率なら漸化式」と短絡的にとらえている人がいますが，それは大きな誤解です．n 回後の確率であっても漸化式を立てない問題は普通にあります．判断基準は「n 回後の確率かどうか」ではありません.

check ▷▷▷▷　直接求めやすいかどうか

　n 回後であれ 10 回後であれ，直接求めやすいのであれば，漸化式を立てる必要はありません．直接求めにくいときに，やむを得ず漸化式を立てるのです．漸化式はあくまで最終手段です.

　例えば，例題 44 で，「$X_n = 1$ となる確率を求めよ．」とすると，漸化式は不要です．n 回中ちょうど 1 回だけ 1 の目が出る確率ですから，普通に「反復試行の確率の公式」を用いて

$$_nC_1\left(\frac{1}{6}\right)^1\left(\frac{5}{6}\right)^{n-1} = \frac{n}{6}\left(\frac{5}{6}\right)^{n-1}$$

と求められます.

41 ▶解答 P.66

2つの箱 A, B があり, どちらの箱にも赤玉と白玉が1個ずつ入っている. それぞれの箱から, 無作為に玉を1個取り出し, 取り出した玉を交換して箱に戻す操作を繰り返す. n 回の操作の後, 箱 A, B のどちらにも赤玉, 白玉が1個ずつ入っている確率を p_n とする. 次の問いに答えよ. (琉球大・改)

(1) p_1 を求めよ.

(2) p_n を用いて p_{n+1} を表せ.

(3) 自然数 n に対して, p_n を求めよ.

42 ▶解答 P.68

右図のように9個の点 A, B_1, B_2, B_3, B_4, C_1, C_2, C_3, C_4 とそれらを結ぶ16本の線分からなる図形がある. この図形上にある物体Uは, 毎秒ひとつの点から線分で結ばれている別の点へ移動する. ただしUは線分で結ばれているどの点にも等確率で移動するとする. 最初に点Aにあった物体Uが, n 秒後に点Aにある確率を a_n とすると, $a_0=1$, $a_1=0$ である. このとき a_n $(n \geqq 2)$ を求めよ. (早稲田大)

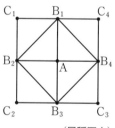

22 期待値

> **ここが大事！** まずは期待値の定義を覚えましょう．2020年時点の教育課程では単なる計算問題です．また，問題によっては直感的に計算できます．

1 期待値の定義

突然ですが，年末ジャンボ宝くじを想像しましょう．1枚300円で基本的に10枚単位で売っています．ここでは10枚買ったとします．夢は1等7億円です😊

当選するかどうかは確率で決まります．ちなみに1等の当選確率は 0.000005 ％（2千万分の1）らしいです．夢がないですね😇　現実の世界では当選番号の発表を待って，当たった，外れた，と一喜一憂するのですが，ここでは当選番号発表の前の段階で，いくら当選することが期待されるかについて考えます．

年末ジャンボの当選金額のように，ある値をとる可能性が確率的に定まっている変数を確率変数といいます．数学Bの「確率分布と統計的な推測」の表現を使うと便利です．確率変数Xのとりうる値を x_1, x_2, $\cdots$, x_n とし，$X = x_k$ となる確率を $P(X = x_k)$ とすると，Xの期待値 $E(X)$ は

$$E(X) = \sum_{k=1}^{n} x_k P(X = x_k)$$

で定義されます．

> check ▷▷▷▷　**期待値とは確率変数の値と確率をかけたものの和**

式で見ると難しい印象かもしれませんが，単にとる値と確率をかけて和をとるだけです．確率を重みとして平均をとる（確率が高い方がその値の影響が大きくなるように平均をとる）イメージです．

先程の年末ジャンボの例では，期待値は購入金額の約50％のようです．つまり，10枚を3000円で購入すると，平均して1500円当選することが期待されるようです．実は私も年末ジャンボはよく購入していますが，例年，10枚に1枚必ず当選する300円くらいしか当たりません．感覚的に期待値は50％もなく，10％強です😊

なお，2020年時点の教育課程では，なぜか数学Aの確率から期待値は外されています．期待値を計算させず，国民をギャンブル漬けにしようというお上の悪意なのではないか，という冗談はさておき，入試では期待値という言葉を使っていないだ

けで，内容的には期待値を求める問題が出題されています．また，2022 年からはじまる教育過程からは数学Aに復活するようです．

> **例題 45** さいころを 1 回振るとき，出る目の期待値を求めよ．

一般に，期待値の問題では確率変数をXとして，確率の表を書くとよいです．

> check ▷▷▷▶ 確率の表を書いて，縦にかけて和をとる

このイメージで計算しましょう．

出る目をXとすると，Xのとりうる値は $X=1,\ 2,\ 3,\ 4,\ 5,\ 6$ ですが，どの確率も $\dfrac{1}{6}$ ですから，確率の表は右のようになります．

X	1	2	3	4	5	6	計
P	$\dfrac{1}{6}$	$\dfrac{1}{6}$	$\dfrac{1}{6}$	$\dfrac{1}{6}$	$\dfrac{1}{6}$	$\dfrac{1}{6}$	1

> check ▷▷▷▶ 確率の和が 1 になることを確認しておく

今回は自明です．求める期待値は，表を見ながら縦にかけて和をとり

$$E(X)=1\cdot\frac{1}{6}+2\cdot\frac{1}{6}+3\cdot\frac{1}{6}+4\cdot\frac{1}{6}+5\cdot\frac{1}{6}+6\cdot\frac{1}{6}$$

$$=\frac{21}{6}=\frac{\boxed{ア}}{\boxed{イ}}\quad(=3.5)$$

> ア 7
> イ 2

です．これは平均すると 3.5 の目が出るということです．

2 期待値を直感的にとらえる

もう少し実戦的な問題です．

> **例題 46** さいころを 3 回振るとき，1 の目が出る回数の期待値を求めよ．

1 の目が出る回数をXとすると，Xのとりうる値は $X=0,\ 1,\ 2,\ 3$ です．それぞれの確率を計算します．

反復試行の確率の公式を用いて

$$P(X=0)=\left(\frac{5}{6}\right)^3=\frac{125}{216}$$

$$P(X=1)={}_3C_1\left(\frac{1}{6}\right)^1\left(\frac{5}{6}\right)^2=\frac{75}{216}$$

$$P(X=2)={}_3C_2\left(\frac{1}{6}\right)^2\left(\frac{5}{6}\right)^1=\frac{15}{216}$$

$$P(X=3)=\left(\frac{1}{6}\right)^3=\frac{1}{216}$$

確率の表は右のようになります．やはり確率の和は 1 になっています．求める期待値は，縦にかけて和をとり

X	0	1	2	3	計
P	$\frac{125}{216}$	$\frac{75}{216}$	$\frac{15}{216}$	$\frac{1}{216}$	1

$$E(X)=0\cdot\frac{125}{216}+1\cdot\frac{75}{216}+2\cdot\frac{15}{216}+3\cdot\frac{1}{216}$$

$$=\frac{108}{216}=\frac{\boxed{ウ}}{\boxed{エ}}$$

ウ 1
エ 2

となります．

なお，期待値の計算をする上では $P(X=0)$ は必要ありませんが，検算として確率の和が 1 になることを確認する方がよいですから，$P(X=0)$ を求めておきます．

また，敢えて $P(X=1)$，$P(X=2)$ は約分していません．確率の表を通分した形で書いておくことで，縦にかけて和をとるときに通分する必要がなくなります．

$$\frac{0\cdot125+1\cdot75+2\cdot15+3\cdot1}{216}$$

のように，X の値と P の分子の積の和をとってもよいでしょう．

ここからが本題です．

今回の結果は $\frac{1}{2}$ ですが，これは直感的には当たり前ではないでしょうか．さいころを 1 回振るときに 1 の目が出る確率は $\frac{1}{6}$ であり，さいころを 3 回振るのです．1 の目は何回出ると期待できるでしょうか．「当たる確率が $\frac{1}{6}$ であるくじを 3 回引くとき，何回当たると期待できるか」という問題と同じですから

$$\frac{1}{6}\cdot3=\frac{1}{2}$$

のイメージで $\frac{1}{2}$ になるのです．

> check ▷▷▷▶ 　回数の期待値の中には直感的に求められるものがある

厳密には確率変数の期待値の公式

$$E(X+Y)=E(X)+E(Y)$$

を使っています．気になる人は調べてみてください．

43 ▶解答 P.70

　1から4までの番号を書いた玉が2個ずつ，合計8個の玉が入った袋があり，この袋から玉を1個取り出すという操作を続けて行う．ただし，取り出した玉は袋に戻さず，また，すでに取り出した玉と同じ番号の玉が出てきた時点で一連の操作を終了するものとする．

　玉をちょうど n 個取り出した時点で操作が終わる確率を $P(n)$ とおく．次の問いに答えよ．　　　　　　　　　　　　　　　　　　　　　　　　　　（金沢大）

(1)　$P(2)$，$P(3)$ を求めよ．

(2)　6以上の k に対し，$P(k)=0$ が成り立つことを示せ．

(3)　一連の操作が終了するまでに取り出された玉の個数の期待値を求めよ．

1 集合の要素の個数

1

\APPROACH/

ド・モルガンの法則
$$\overline{A \cup B} = \overline{A} \cap \overline{B}, \quad \overline{A \cap B} = \overline{A} \cup \overline{B}$$
を用いましょう.

(1) ド・モルガンの法則を用いて (図1)
$$n(\overline{A} \cap \overline{B}) = n(\overline{A \cup B}) = n(U) - n(A \cup B)$$
$$= 80 - 70 = 10$$

(2) ド・モルガンの法則を用いて (図2)
$$n(\overline{A} \cup \overline{B}) = n(\overline{A \cap B}) = n(U) - n(A \cap B)$$

である. ベン図の ◊ = ○ + ○ − ⊚ のイメージで
$$n(A \cap B) = n(A) + n(B) - n(A \cup B)$$
$$= 50 + 38 - 70 = 18$$

であるから
$$n(\overline{A} \cup \overline{B}) = 80 - 18 = 62$$

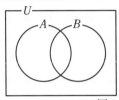

図1

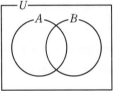

図2

2

\APPROACH/

自分で集合を定義してベン図を考えましょう. ド・モルガンの法則を用いてもいいですし, ベン図に人数を書き込んでしまうのも有効です.

40人の生徒の集合を全体集合 U とし, 電車通学の生徒の集合を A, バス通学の生徒の集合を B とすると
$$n(U) = 40, \quad n(A) = 16, \quad n(B) = 22, \quad n(\overline{A} \cap \overline{B}) = 6$$
よって
$$n(A \cup B) = n(U) - n(\overline{A \cup B})$$
$$= n(U) - n(\overline{A} \cap \overline{B})$$
$$= 40 - 6 = 34$$

であるから, ベン図の ◊ = ○ + ○ − ⊚ のイメージ

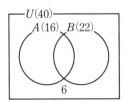

で，電車とバスを両方使って通学している生徒の人数は

$$n(A \cap B) = n(A) + n(B) - n(A \cup B) = 16 + 22 - 34 = {}^{ア}4$$

また，電車を使わずにバス通学している生徒の人数は

$$n(\overline{A} \cap B) = n(B) - n(A \cap B) = 22 - 4 = {}^{イ}18$$

別解　図のように人数 x, y, z を定義する.

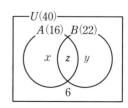

$n(A)$, $n(B)$, $n(U)$ に着目すると

$$x + z = 16 \quad \cdots\cdots ①$$

$$y + z = 22 \quad \cdots\cdots ②$$

$$x + y + z + 6 = 40 \quad \cdots\cdots ③$$

③より

$$x + y + z = 34 \quad \cdots\cdots ④$$

④−② より $x = 12$，④−① より $y = 18$ である. また，
①より $z = 4$ である.

Point
ベン図に人数を書き込みます.

よって，電車とバスを両方使って通学している生徒の人数は

$$n(A \cap B) = z = {}^{ア}4$$

また，電車を使わずにバス通学している生徒の人数は

$$n(\overline{A} \cap B) = y = {}^{イ}18$$

2　順列

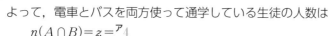

APPROACH

　条件が強い一の位と十の位から考えます. 一の位の数字によって十の位で使える数字が変わることに注意しましょう.

下のような5桁の数を考える.

a	b	c	d	e

Point
文字を用いると説明しやすいです.

ただし，$d \neq 2$, $e \neq 1$ である. <u>e が 2 かどうかで場合分け</u>する.

Point
一の位について重複しないように（排反に）場合分けします.

(i)　$e = 2$ のとき

a	b	c	d	2

　a, b, c, d には 1, 3, 4, 5 が 1 つずつ入るから，これら 4 つの数の順列を考えて

$$4! = 24 \text{ (通り)}$$

(ii) $e \neq 2$ のとき

 e は 1 と 2 以外であるから, 3, 4, 5 のいずれかで 3 通り.

 d は 2 と e 以外であるから, 3 通り.

 a, b, c には e, d 以外の 3 つの数が 1 つずつ入るから, 3 つの数の順列を考えて

$$3! = 6 \,(\text{通り})$$

 よって

$$3 \cdot 3 \cdot 6 = 54 \,(\text{通り})$$

以上より, 求める個数は

$$24 + 54 = 78$$

別解 1, 2, 3, 4, 5 を 1 回ずつ使って作られる 5 桁の数の集合を全体集合 U とすると

$$n(U) = 5! = 120$$

このうち一の位が 1 であるものの集合を A, 十の位が 2 であるものの集合を B とすると, 求める個数は $n(\overline{A} \cap \overline{B})$ である.

 A の要素は下のような 5 桁の数である.

a	b	c	d	1

 a, b, c, d には 2, 3, 4, 5 が 1 つずつ入るから, これら 4 つの数の順列を考えて

$$n(A) = 4! = 24$$

 B の要素は下のような 5 桁の数である.

a	b	c	2	e

上と同様に考えて

$$n(B) = 4! = 24$$

 $A \cap B$ の要素は下のような 5 桁の数である.

a	b	c	2	1

 a, b, c には 3, 4, 5 が 1 つずつ入るから, これら 3 つの数の順列を考えて

$$n(A \cap B) = 3! = 6$$

 よって, 求める個数は

$$n(\overline{A} \cap \overline{B}) = n(\overline{A \cup B}) = n(U) - n(A \cup B)$$
$$= n(U) - \{n(A) + n(B) - n(A \cap B)\}$$
$$= 120 - (24 + 24 - 6) = 120 - 42 = 78$$

Point
A と B は共通部分がある (排反でない) ことに注意しましょう.

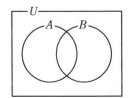

3600 より大きい奇数ですから，千の位と一の位に条件が付きます．千の位で場合分けしますが，千の位によって一の位で使える数字が変わることに注意しましょう．

下のような4桁の数を考える．

a	b	c	d

ただし，3600 より大きい奇数であるから，$a \geqq 3$ で，$d = 1$，3，5 である．

(i)　$a = 3$ のとき

　　$\underline{b \geqq 6}$ より，$b = 6$ となるしかない．

3	6	c	d

　　d は $\underline{3 \text{以外の奇数} 1，5}$ のいずれかで2通り．

　　c は，3，6，d 以外で4通り．

　　よって

　　　　$2 \cdot 4 = 8$（通り）

Point
$a = 3$ のときのみ b に制限が付きます．

Point
$a = 3$ ですから，d で 3 は使えません．

(ii)　$a = 4$ のとき

4	b	c	d

　　d は $\underline{\text{奇数} 1，3，5}$ のいずれかで3通り．

　　b，c には 4，d 以外の5つの数字から選んだ異なる2つの数字が入るから，その順列を考えて

　　　　$5 \cdot 4 = 20$（通り）

　　よって

　　　　$3 \cdot 20 = 60$（通り）

Point
$a = 4$ ですから，1，3，5 すべて使えます．

(iii)　$a = 5$ のとき

5	b	c	d

　　d は $\underline{5 \text{以外の奇数} 1，3}$ のいずれかで2通り．

　　b，c には 5，d 以外の5つの数字から選んだ異なる2つの数字が入るから，その順列を考えて

　　　　$5 \cdot 4 = 20$（通り）

　　よって

　　　　$2 \cdot 20 = 40$（通り）

Point
5 は使えません．

(iv) $a=6$ のとき

6	b	c	d

(ii)と同様に 60 通り.

以上より，3600 より大きい奇数の個数は

$$8+60+40+60=168$$

3　組合せ

5

APPROACH

　具体例を考えます．ここでは $n=6$ としましょう．(1)では例えば
$(X, Y, Z)=(2, 2, 5)$ がありますが，これは $1 \sim 6$ の中から 2 と 5 を選び，
小さい 2 を X と Y に，大きい 5 を Z にしたととらえられます．つまり，2 個の
数字の組合せを考えればよいのです．(3)も同様です．

　(2)は直接考えると事象が多いため，余事象を考えます．

　なお，今回は「確率」ではなく「場合の数」の問題ですが，「試行」の結果を
扱いますから「事象」，「余事象」という表現は正しいです．

(1)　$1 \sim n$ の中から異なる 2 個の数字を選び，小さい方を X と Y，大きい方を Z と
　　すると考える．2 個の数字の組合せを考えて

$$_nC_2=\frac{1}{2}n(n-1)\text{（通り）}$$

(2)　余事象を考える．X, Y, Z がすべて異なるのは，$1 \sim$
　　n の中から異なる 3 個を選んで並べる順列を考えて

$$n(n-1)(n-2)\text{（通り）}$$

　　一方，3 回のカードの取り出し方の総数は $\underline{n^3 \text{通り}}$ であ
　　るから，求める場合の数は

$$n^3-n(n-1)(n-2)=n\{n^2-(n-1)(n-2)\}$$
$$=n(3n-2)\text{（通り）}$$

Point

余事象は「少なくとも2つが異なる」ではありません．

Point

取り出したカードを元に戻しますから，「順列」ではなく 9 重複順列（▶本冊 P.44）です．

(3)　$1 \sim n$ の中から異なる 3 個の数字を選び，小さい順に X, Y, Z とすると考え
　　る．3 個の数字の組合せを考えて

$$_nC_3=\frac{1}{6}n(n-1)(n-2)\text{（通り）}$$

Point

(ii)と(iv)はまとめられます．a は 4, 6 のいずれかで，あとは(ii)と同様に考えて，$2\cdot3\cdot5\cdot4$ 通りです．

⑥

APPROACH

　選ばれるべき数を正しくとらえましょう．直接求めにくければ補集合（余事象）を考えます．

(1)　7〜18 の 12 個の数の中から異なる 3 個の数を選ぶ組合せを考えて

$$_{12}C_3 = \frac{12 \cdot 11 \cdot 10}{3 \cdot 2} = 2 \cdot 11 \cdot 10 = 220 \, (通り)$$

Point
個数を正しくとらえましょう．

(2)　23 を選び，かつ 1〜22 の中から異なる 2 個の数を選ぶ場合である．その 2 個の組合せを考えて

$$_{22}C_2 = \frac{22 \cdot 21}{2} = 11 \cdot 21 = 231 \, (通り)$$

Point
同じ数を選べない場合は，選ぶ数を固定してよいです．
(P.7 **JUMP UP!**)

別解　最大の数が 23 以下となる選び方は，1〜23 の 23 個の数の中から異なる 3 個の数を選ぶ組合せを考えて

$$_{23}C_3 = \frac{23 \cdot 22 \cdot 21}{3 \cdot 2} = 23 \cdot 11 \cdot 7 \, (通り)$$

Point
同じ数が選べる場合でも有効な解法です．

このうち最大の数が 22 以下となる選び方は，1〜22 の 22 個の数の中から異なる 3 個の数を選ぶ組合せを考えて

$$_{22}C_3 = \frac{22 \cdot 21 \cdot 20}{3 \cdot 2} = 11 \cdot 7 \cdot 20 \, (通り)$$

よって，最大の数が 23 となる選び方は

$$23 \cdot 11 \cdot 7 - 11 \cdot 7 \cdot 20 = 11 \cdot 7(23 - 20) = 77 \cdot 3 = 231 \, (通り)$$

最大の数が 23 以下

最大の数が 22 以下

最大の数が 23

(3)　補集合（余事象）を考える．最大の数が 11 以下となる選び方は，1〜11 の 11 個の数の中から異なる 3 個の数を選ぶ組合せを考えて

$$_{11}C_3 = \frac{11 \cdot 10 \cdot 9}{3 \cdot 2} = 11 \cdot 5 \cdot 3 = 165 \, (通り)$$

Point
「少なくとも 1 つが 12 以上」ということですから，補集合（余事象）を考えます．

一方，1〜30 の 30 個の数の中から異なる 3 個の数を選ぶ組合せの総数は

$$_{30}C_3 = \frac{30 \cdot 29 \cdot 28}{3 \cdot 2} = 10 \cdot 29 \cdot 14 = 4060 \, (通り)$$

よって，最大の数が 12 以上となる選び方は

$$4060 - 165 = 3895 \, (通り)$$

(4)　1〜30 の中に含まれる素数は

2, 3, 5, 7, 11, 13, 17, 19, 23, 29

Point
30 以下の素数をすべて書き出します．

の 10 個ある．この中から異なる 3 個の数を選ぶ組合せを考えて

$$_{10}C_3 = \frac{10 \cdot 9 \cdot 8}{3 \cdot 2} = 10 \cdot 3 \cdot 4 = 120 \text{（通り）}$$

JUMP UP!

　　同じ数が選べる場合は注意が必要です．例えば，さいころを 3 回振るとき出る目の最大値が 4 になる場合の数を求めたいとします．4 が少なくとも 1 回出ることに着目すると，3 回の目の出方は

(i) | 4 | | 　　(ii) | | 4 | | 　　(iii) | | | 4 |

のいずれかになります．なお，□ には重複を許して 1 ～ 4 のいずれかが入りますから，　9　重複順列（▶本冊 P.44）になります．よって

$$3 \cdot 4^2 = 48 \text{（通り）}$$

としてしまう人がいますが，これは正しくありません．上の 3 つは重複があり（排反ではなく），例えば | 4 | 4 | 1 | は(i)と(ii)で重複して数えられています．重複する数を求め，その分を引けば正しく求められますが，スマートではありません．同じ数が選べる場合は選ぶ数を固定しないことです．

　　正しくは(2) 別解 で紹介した方法を用いて

$$4^3 - 3^3 = 37 \text{（通り）}$$

とします．

7

◢APPROACH◣

　　題意の三角形をどう作るか，そのプロセスを考えましょう．重複して数えないようにすることが重要です．三角形の形によっては，効率のよい数え方を覚えてしまうのも手です．

　　正十角形と 1 辺だけを共有する三角形について考える．正十角形と共有する三角形の 1 辺の選び方は 10 通りある．残り 1 個の頂点は，選んだ 1 辺の両端とその両隣の計 4 個の頂点以外から選ぶから 6 通りある（図 1）．よって，正十角形と 1 辺だけを共有する三角形は

$$10 \cdot 6 = {}^{ア}60 \text{（個）}$$

Point

選べない点に注意しましょう．

1辺を選ぶ　　図1

この中から1個の頂点を選ぶ

この点を選ぶと　　図2
2辺を共有する三角形が
決まる

正十角形と1辺も共有しない三角形については補集合（余事象）を考える．

正十角形と2辺を共有するのは，隣り合う3頂点を選ぶ場合であり，その真ん中の頂点の選び方を考えて10個ある（図2）．

正十角形と1辺だけを共有する三角形は60個ある．

一方，正十角形の各頂点から3個の頂点を選んで作る三角形の総数は，10頂点から異なる3点を選ぶ組合せを考えて

$$_{10}C_3 = \frac{10 \cdot 9 \cdot 8}{3 \cdot 2} = 120 \text{（個）}$$

よって，正十角形と1辺も共有しない三角形は

$$120 - (10 + 60) = {}^{ｲ}50 \text{（個）}$$

二等辺三角形は，等辺の交点の選び方が10通りあり，その選び方1つに対し二等辺三角形は4個ある（図3）．正三角形ができないことに注意すると，二等辺三角形は全部で

$$10 \cdot 4 = {}^{ｳ}40 \text{（個）}$$

Point
直接数えにくい場合は補集合（余事象）を考えます．
（P.9 JUMP UP! 1）

Point
正三角形ができるかどうかは重要です．
（P.9 JUMP UP! 2）

1つの頂点に対し　　図3
二等辺三角形が4個ある

直径を1本選ぶ　図4

この中から残りの頂点を選ぶ

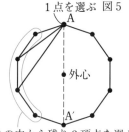

1点を選ぶ　図5

A

外心

A′

この中から残り2頂点を選ぶ

直角三角形は，正十角形の外接円の直径の両端となる2点と残り1点を選んで作られる（図4）．直径は5本あるから，直径の両端となる2点の組合せは5通り．残りの頂点は8点から1点を選ぶから，その選び方は8通り．よって，直角三角形は全部で

$$5 \cdot 8 = {}^{ｴ}40 \text{（個）}$$

Point
直径に対する円周角は直角です．

　鈍角三角形は，反時計回りに順に3点を選んでいくと考える．最初の1点（Aとする）の選び方は10通りある．このとき正十角形の外心（外接円の中心）に関するAの対称点を A′ とする．AA′ は正十角形の外接円の直径である．鈍角三角形となるのは外心が三角形の外部にあるときであるから，残りの2頂点はAの次の頂点から A′ の1つ前の頂点の4点の中から選ぶ（図5）．4点から異なる2点を選ぶ組合せを考えて，${}_4C_2 = 6$ 通り．

（P.10 JUMP UP! 3）

Point
どちら向きに点を選んでいくかを決めましょう．

第1章　場合の数

　よって，鈍角三角形は全部で
$$10 \cdot 6 = {}^{\boldsymbol{オ}}60 \,(個)$$

JUMP UP!

1 正十角形と1辺も共有しない三角形を直接数える方法もありますが，やや高度です．気になる人だけ読んでください．正十角形の頂点に順番に1〜10の番号を付け，選ぶ3個の頂点の番号を $x, y, z\,(1 \leq x < y < z \leq 10)$ とします．正十角形と辺を共有しませんから，x と y，y と z は連続する整数ではありません．また $(x, z) = (1, 10)$ も不適です．
$$y - x > 1 \ \text{かつ} \ z - y > 1 \ \text{かつ} \ (x, z) \neq (1, 10)$$
ということです．これを満たす整数の組 (x, y, z) の個数を求めます．
$y - x > 1$ かつ $z - y > 1$ かつ $1 \leq x < y < z \leq 10$ を1つの不等式にまとめると
$$1 \leq x < y - 1 < z - 2 \leq 8$$
となります．(x, y, z) と $(x, y-1, z-2)$ は1対1に対応しますから，整数の組 $(x, y-1, z-2)$ の個数を求めればよいです．1〜8の中から異なる3個の数を選ぶ組合せを考えて
$$ {}_8C_3 = \frac{8 \cdot 7 \cdot 6}{3 \cdot 2} = 56 \,(個)$$
です．しかし，この中には $(x, z) = (1, 10)$ となる組が含まれます．$y - x > 1$ かつ $z - y > 1$ であることに注意すると，このときの y は3〜8の6通りあります．不適な組が6組あるということですから，この分を引いて
$$56 - 6 = 50 \,(個)$$
となります．

2 もし正三角形ができると，最初にどの頂点に着目するかで正三角形は3重に数えられますから，2回分引かないといけません．もしくは「重複しないように（排反に）場合分けする」ことを考えて，正三角形でない二等辺三角形と正三角形に分けて数えます．

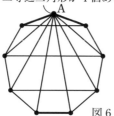

1つの頂点に対し
二等辺三角形が4個ある

図6

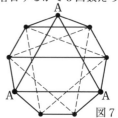

正三角形は最初どの頂点に
着目するかで3回数えられる

図7

　例えば，正十角形ではなく「正九角形」であれば，正三角形が作れます．
二等辺三角形の個数を求めてみましょう．1つの頂点に対し二等辺三角形
が4個あるのは同じですが（図6），単純に

$$9 \cdot 4 = 36 \,(個)$$

とするのは間違いです．この中で正三角形は3回ずつ数えられています．
最初に選ぶ頂点をAとすると，正三角形のどの頂点をAとみるかで3通り
あるからです（図7）．つまり，2個余計に数えられているのです．正三角
形は全部で3個できますから，その2倍を引いて

$$36 - 3 \cdot 2 = 30 \,(個)$$

が正解です．重複しないように（排反に）場合分けするのなら，正三角形
でない二等辺三角形の個数と正三角形の個数の和をとり

$$9 \cdot 3 + 3 = 30 \,(個)$$

とします．

3 反時計回りだけでなく時計回りにも残りの2頂
点を選んでしまうと，反時計回りに選んだ場合
と重複します．例えば図8のように，Aを選ん
だ後，時計回りに2頂点を選んで鈍角三角形を
作ります．この三角形は，図のBを最初に選ん
で，反時計回りに残りの2頂点を選んだ場合に
含まれますから，2回数えられています．この
ようなことを避けるために，頂点を選ぶ向きを
固定するのです．この「鈍角三角形の数え方」はぜひ覚えてください．

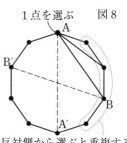

1点を選ぶ　　図8

反対側から選ぶと重複する

　なお，「鈍角三角形」ではなく「鋭角三角形」を直接数えるのは大変です．
三角形の総数から，直角三角形と鈍角三角形の個数を引いて間接的に求め
るのが実戦的です．三角形の総数は，10個の頂点から異なる3点を選ぶ組
合せを考えて

$$_{10}\mathrm{C}_3 = \frac{10 \cdot 9 \cdot 8}{3 \cdot 2} = 120 \,(個)$$

ですから，鋭角三角形は

$$120-(40+60)=20 \,(個)$$

となります.

4 隣り合う，隣り合わない

8

APPROACH

　赤球の個数で場合分けしましょう．赤球同士が隣り合わないことから，先に白球を並べます．

赤球を●，白球を○で表す．

Point
図を描くと安全です．

(i)　赤球が 1 個のとき

　　　∨○∨○∨○∨○∨○∨○∨　　●

　　7 個の○を先に並べ，その間と両端の計 8 カ所に 1 個の●を入れると考えて

　　　$_8C_1=8 \,(通り)$

Point
○同士は区別しませんから，7 個の○の順列は 1 通りです．

(ii)　赤球が 2 個のとき

　　　∨○∨○∨○∨○∨○∨　　●，●

　　6 個の○を先に並べ，その間と両端の計 7 カ所に 2 個の●を入れると考えて

　　　$_7C_2=21 \,(通り)$

Point
●同士は区別しませんから，2 個の●の入れ方は 7・6 通りではなく，$_7C_2$ 通りです．

(iii)　赤球が 3 個のとき

　　　∨○∨○∨○∨○∨　　●，●，●

　　5 個の○を先に並べ，その間と両端の計 6 カ所に 3 個の●を入れると考えて

　　　$_6C_3=\dfrac{6\cdot5\cdot4}{3\cdot2}=20 \,(通り)$

(iv)　赤球が 4 個のとき

　　　∨○∨○∨○∨　　●，●，●，●

　　4 個の○を先に並べ，その間と両端の計 5 カ所に 4 個の●を入れると考えて

　　　$_5C_4=5 \,(通り)$

(v)　赤球が 5 個以上のとき

　　　∨○∨○∨○∨　　●，●，●，●，●

　　白球は 3 個以下であるから，どのように並べても赤球同士が隣り合い，不適である．なお，図は赤球が 5 個の場合である．

以上より，球の並べ方の総数は

$$8+21+20+5={}^{ア}54 \text{(通り)}$$

一方, 白球 4 個, 赤球 4 個のときの球の並べ方は, (iv)の場合で, ${}^{イ}5$ 通り.

⑨

APPROACH

条件の強いところから考えます. 3 個の赤色のボールが連続するときにはかたまりとみなしますが, 赤色のボールには区別がありますから, その中での順列も考えましょう.

(1)　7 個のボールはすべて区別があるから, その順列は
$$7!={}^{ア}5040 \text{(通り)}$$

(2)　3 個の赤色のボールをまとめて 1 個のボールとみなし, 5 個のボールの順列を考えると
$$5!=120 \text{(通り)}$$

$\boxed{①②③}$, ①, ②, ❶, ❷　　（$\boxed{①②③}$…赤, ①②…青, ❶❷…黒）

一方, まとめた中での 3 個の赤色のボールの順列は
$$3!=6 \text{(通り)}$$

Point
赤色のボールはどの順番に並んでも構いません.

よって, 求める並べ方は
$$120 \cdot 6={}^{イ}720 \text{(通り)}$$

(3)　2 の数字が書かれたボールは, 赤, 青, 黒の 3 個ある.

この中から 2 個選んで両端に並べるから, その 2 個の順列を考えて

Point
両端の左右は区別しますから, 組合せではなく順列です.

$$3 \cdot 2=6 \text{(通り)}$$

残り 5 個の順列は
$$5!=120 \text{(通り)}$$

よって, 求める並べ方は
$$6 \cdot 120={}^{ウ}720 \text{(通り)}$$

(4)　左端のボールの色で場合分けする.

Point
両端の色を同時に考えるより簡単です.

(i)　左端が赤色のボールのとき

左端は赤の 3 個から 1 個選んで 3 通り, 右端は青と黒の計 4 個から 1 個選んで 4 通り, 残り 5 個の順列は 5!=120 通りであるから
$$3 \cdot 4 \cdot 120=1440 \text{(通り)}$$

(ii)　左端が青色のボールのとき

左端は青の 2 個から 1 個選んで 2 通り, 右端は赤と黒の計 5 個から 1 個選んで 5 通り, 残り 5 個の順列は 5!=120 通りであるから

$$2 \cdot 5 \cdot 120 = 1200 \,(通り)$$

(iii) 左端が黒色のボールのとき

(ii)と同様に，1200 通り．

以上より，求める並べ方は

$$1440 + 1200 + 1200 = {}^{\text{エ}}3840 \,(通り)$$

第1章　場合の数

5 同じものを含む順列

10

＼APPROACH／

　　AとGが複数あることに注意しましょう．　**4** 隣り合う，隣り合わない
（▶本冊 P.22）で扱った内容も利用します．

(1)　A, A, A, A, A, G, G, N, R, W の中にAが 5 個，Gが 2 個含まれている
　　から，求める順列は

$$\frac{10!}{5!\,2!} = \frac{10 \cdot 9 \cdot 8 \cdot 7 \cdot 6}{2} = 10 \cdot 9 \cdot 8 \cdot 7 \cdot 3$$

$$= 15120 \,(通り)$$

Point
同じ文字が何文字ある
か確認しましょう。

(2)　NAGARA を 1 文字とみなし

　　$\boxed{\text{NAGARA}}$, A, A, G, W

　　の 5 文字の順列を考えて

$$\frac{5!}{2!} = 5 \cdot 4 \cdot 3 = 60 \,(通り)$$

Point
かたまり「NAGARA」
は順序が決まっていま
すから，その 6 文字の
順列は考えません。

(3)　N, R, W が入る場所を○で表す．

　　A, A, A, A, A, G, G, ○, ○, ○ の順列を考え，
　　3 つの○に左から順に N, R, W を入れるとする．

$$\frac{10!}{5!\,2!\,3!} = \frac{10 \cdot 9 \cdot 8 \cdot 7 \cdot 6}{2 \cdot 3 \cdot 2} = 10 \cdot 9 \cdot 4 \cdot 7 = 2520 \,(通り)$$

Point
入れ方は 1 通りですか
ら，2520·1 のイメージ
です。

(4)　G, G, N, R, W を先に並べ，その間と両端の計 6 カ
　　所に 5 個のAを入れると考える．G, G, N, R, W の順
　　列において 2 個のGが隣り合うかどうかで場合分けする．

　　(i)　2 個のGが隣り合うとき

　　　　GG を 1 文字とみなし

　　　　$\boxed{\text{GG}}$, N, R, W

Point
A同士が隣り合わない
ようにします。Gにつ
いては別に考えます。

の4文字の順列を考えて

$$4!=24\,(通り)$$

このとき，例えば下のような順列ができる．

$$\begin{array}{c} A \\ \downarrow \end{array}$$

$$^\vee G ^\vee G ^\vee N ^\vee R ^\vee W ^\vee \qquad A,\ A,\ A,\ A$$

最終的にG同士が隣り合わないように，2個のGの間にAを入れ，残り5カ所に4個のAを入れるから，Aを入れる4カ所の<u>組合せ</u>を考えて

$$_5C_4=5\,(通り)$$

Point
A同士は区別がないですから，組合せです．

よって

$$24\cdot5=120\,(通り)$$

(ii)　2個のGが隣り合わないとき

G，G，N，R，Wの順列は，N，R，Wを先に並べて，その間と両端の計4カ所に2個のGを入れると考えて

$$3!\cdot_4C_2=6\cdot6=36\,(通り)$$

$$^\vee N ^\vee R ^\vee W ^\vee \qquad G,\ G$$

このとき，例えば下のような順列ができる．

$$^\vee G ^\vee N ^\vee G ^\vee R ^\vee W ^\vee \qquad A,\ A,\ A,\ A,\ A$$

5個のAを入れる場所の組合せは

$$_6C_5=6\,(通り)$$

よって

$$36\cdot6=216\,(通り)$$

以上より，求める並べ方は

$$120+216=336\,(通り)$$

11

\APPROACH/

　同じ数字を何回使うかでいくつかのパターンがあります．そのすべてを考えましょう．

使う数字が

(i)　$a,\ a,\ a,\ a,\ a,\ a$

(ii)　$a,\ a,\ a,\ a,\ b,\ b$

(iii)　$a,\ a,\ a,\ b,\ b,\ b$

(iv)　$a,\ a,\ b,\ b,\ c,\ c$

Point
使う数字を文字を使って表すと答案が書きやすいです．

のいずれかになる場合である．ただし，異なる文字 a，b，c は異なる数字を表す．

(i)のとき，a の選び方は n 通りあり，a，a，a，a，a，a の順列は 1 通りであるから，できる順列の個数は

$$n \cdot 1 = n \text{ (通り)}$$

(ii)のとき，a，b には区別があるから順番に選ぶ．a は 1 $\sim n$ の中から選ぶから n 通りあり，b は a 以外で $(n-1)$ 通りあるから，a，b の選び方は

$$n(n-1) \text{ (通り)}$$

a，a，a，a，b，b の順列は

$$_6\mathrm{C}_4 = 15 \text{ (通り)}$$

よって，できる順列の個数は

$$n(n-1) \cdot 15 = 15n(n-1) \text{ (通り)}$$

(iii)のとき，a，b には区別がないから同時に選ぶ．$1 \sim n$ の中から異なる 2 個の数字を選ぶ組合せを考えて

$$_n\mathrm{C}_2 = \frac{n(n-1)}{2} \text{ (通り)}$$

a，a，a，b，b，b の順列は

$$_6\mathrm{C}_3 = \frac{6 \cdot 5 \cdot 4}{3 \cdot 2} = 20 \text{ (通り)}$$

よって，できる順列の個数は

$$\frac{n(n-1)}{2} \cdot 20 = 10n(n-1) \text{ (通り)}$$

(iv)のとき，a，b，c には区別がないから同時に選ぶ．$1 \sim n$ の中から異なる 3 個の数字を選ぶ組合せを考えて

$$_n\mathrm{C}_3 = \frac{n(n-1)(n-2)}{6} \text{ (通り)}$$

a，a，b，b，c，c の順列は

$$\frac{6!}{2!2!2!} = \frac{6 \cdot 5 \cdot 4 \cdot 3}{2 \cdot 2} = 6 \cdot 5 \cdot 3 = 90 \text{ (通り)}$$

よって，できる順列の個数は

$$\frac{n(n-1)(n-2)}{6} \cdot 90 = 15n(n-1)(n-2) \text{ (通り)}$$

以上より，求める個数は

$$n + 15n(n-1) + 10n(n-1) + 15n(n-1)(n-2)$$
$$= n\{1 + 25(n-1) + 15(n-1)(n-2)\}$$
$$= n(15n^2 - 20n + 6)$$

Point
a と b は使う回数が違いますから区別があります．
(P.16 JUMP UP! 1)

Point
2 択の同じものを含む順列ですから，$_n\mathrm{C}_r$ を使います．

Point
a と b は使う回数が同じですから区別がありません．
(P.16 JUMP UP! 2)

Point
a，b，c は使う回数が同じですから区別がなく，(iii)と同様に組合せで選びます．

Point
3 択の同じものを含む順列ですから，階乗を使います．

1 a と b に区別があるということは，a と b の値を入れ換えると異なる状況になるということです．具体例を考えると納得できます．例えば，$(a, b)=(2, 5)$ と $(a, b)=(5, 2)$ は，「2，2，2，2，5，5」を使うか「5，5，5，5，2，2」を使うかということですから，異なる状況です．a と b には区別がありますから，順番に選んでいきます．つまり，順列で $n(n-1)$ 通りとなります．$_nC_2$ 通りではないことに注意しましょう．

2 a と b の使う回数が同じであれば，区別はありません．**1** と同様に具体例を考えましょう．例えば，$(a, b)=(2, 5)$ と $(a, b)=(5, 2)$ は「2，2，2，5，5，5」を使うか「5，5，5，2，2，2」を使うかということですから，書いている順番が違うだけで，状況は同じです．この後，順列を考えて並べ替えますから，a と b を区別して $n(n-1)$ 通りと数えてしまうと，できる順列が重複することになります．a と b に区別はなく同時に選びます．つまり，組合せで $_nC_2$ 通りと数えます．

6　最短経路の数

(12)

＼APPROACH／

　→と↑の順列を考えます．(3)は補集合（余事象）を考える人が多そうですが，直接数えるのも有効です．

(1)　A地点からB地点への最短経路の集合を全体集合 U とすると，4個の→と5個の↑の順列を考えて

$$n(U)={}_9C_4=\frac{9\cdot8\cdot7\cdot6}{4\cdot3\cdot2}={}^{ア}126\,(通り)$$

Point
(3)で使うために全体集合を定義します．

(2)　P地点を通る道順の集合を P，Q地点を通る道順の集合を Q とする．

　PもQも通るとき，A→Pの道順は，1個の→と2個の↑の順列を考えて

　　　$_3C_1=3\,(通り)$

P→Qの道順は，2個の→と2個の↑の順列を考えて

　　　$_4C_2=6\,(通り)$

Q→Bの道順は，1個の→と1個の↑の順列を考えて

　　　$_2C_1=2\,(通り)$

Point
A→Bの道順を3つに分けて数えます．

よって，求める道順は
$$n(P \cap Q) = 3 \cdot 6 \cdot 2 = {}^{\text{イ}}36 \ (通り)$$

(3) まず，PまたはQを通る道順の数を求める．

(2)と同様に考えて
$$n(P) = {}_3C_1 \cdot {}_6C_3 = 3 \cdot \frac{6 \cdot 5 \cdot 4}{3 \cdot 2} = 3 \cdot 20 = 60$$

$$n(Q) = {}_7C_3 \cdot {}_2C_1 = \frac{7 \cdot 6 \cdot 5}{3 \cdot 2} \cdot 2 = 35 \cdot 2 = 70$$

これらと(2)より
$$n(P \cup Q) = n(P) + n(Q) - n(P \cap Q)$$
$$= 60 + 70 - 36 = 94$$

よって，PもQも通らない道順は
$$n(\overline{P} \cap \overline{Q}) = n(\overline{P \cup Q}) = n(U) - n(P \cup Q)$$
$$= 126 - 94 = {}^{\text{ウ}}32 \ (通り)$$

別解 最短経路の数を図に書き込んで求める．

PとQを通らないから，P，Qに隣接する点から
P，Qにつながる道を消して考える．

Aから各点に至る最短経路の数は図2のようにな
るから，求める道順は ${}^{\text{ウ}}32$ 通り．

Point
樹形図をイメージして
かけ算します．

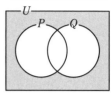

図1

Point
図1のようなベン図を
想像しましょう．

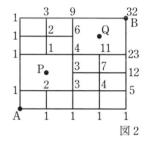

図2

13

\APPROACH/

基本的には→，↑の順列を考えますが，(2)，(3)では最短経路よりも2回だけ
余分に動きますから，左右，上下のどちらに余分に動くかで場合分けし，←，
↓も考慮に入れます．

(1) SからGまでの最短経路であるから，3個の→と3個の↑の順列を考えて
$$_6C_3 = \frac{6 \cdot 5 \cdot 4}{3 \cdot 2} = 20 \ (通り)$$

(2) SからGには最短で6回の操作で移動できるから，2回だけ余分に動く．

(i) 左右に2回余分に動くとき

4個の→，1個の←，3個の↑の順列を考えて
$$\frac{8!}{4!3!} = \frac{8 \cdot 7 \cdot 6 \cdot 5}{3 \cdot 2} = 8 \cdot 7 \cdot 5 = 280 \ (通り)$$

Point
同じものを含む順列で
す．3択ですから階乗
を用います．

(ii) 上下に2回余分に動くとき

(i)と同様に280通りある．

以上より

$$280+280=560 \text{ (通り)}$$

(3)　(i)　左右に 2 回余分に動くとき

　　横の移動だけを考えた場合，<u>4 個の→，1 個の←の</u><u>みの順序</u> $_5C_4=5$ 通りのうち

→ → → ← →，→ → ← → →，→ ← → → →

の 3 通りは適し

← → → → →，→ → → → ←

の 2 通りは不適である．

　　3 通りの適する順序について，5 個の矢印の入る場所を 5 個の○で表し，縦の移動の 3 個の↑と合わせた順列を作る．例えば，順序 → → → ← → に対し

○ ↑ ○ ○ ↑ ↑ ○ ○

であれば，5 個の○に左から順に→, →, →, ←, →を入れて

→ ↑ → → ↑ ↑ ← →

となり，適する経路が 1 つ得られる．5 個の○と 3 個の↑の順列は

$$_8C_3=\frac{8\cdot7\cdot6}{3\cdot2}=56 \text{ (通り)}$$

あるから，全部で $56\cdot3=168$ 通りある．

(ii)　上下に 2 回余分に動くとき

　　(i)と同様に 168 通りある．

　　以上より

$$168+168=336 \text{ (通り)}$$

7　円順列

⑭

⟍**APPROACH**⟋

　　「1 つを固定する」解法で解きます．(3)の「特定の男女」は，最初から決まっていることに注意しましょう．「特定の男女の選び方は $5\cdot5=25$ 通り」とはなりません．あらかじめ決まっていますから，選び方も何もありません．

(1)　1 人の男性の座る場所を固定する．残り 9 つの席は区別があるから，9 人の順列を考えて

$$9!=9\cdot8\cdot7\cdot6\cdot5\cdot4\cdot3\cdot2=72\cdot5040=362880 \text{ (通り)}$$

(2)　男女の席が交互になっているとき，まず男性 5 人の座
り方を考える．1 人の男性 (A とする) の座る場所を固
定すると，残りの 4 人の男性が座る席は区別があるから，
その座り方は

$$4!=24（通り）$$

　次に女性 5 人の座り方を考える．男性を座らせる場合
と異なり，すでに 5 つの席には区別があるから，その座
り方は

$$5!=120（通り）$$

　よって，求める座り方は

$$24 \cdot 120 = 2880（通り）$$

図 1

Point
イケメンの隣りかフツ
メンの隣りかは区別が
あります 😊.

(3)　特定の男性を A，女性を B とする．A の座る場所を固
定して考える．B は A の両隣りのどちらかに座るから，
その座り方は 2 通り．

　A 以外の 4 人の男性の座り方は　$4!=24$ 通り．

　B 以外の 4 人の女性の座り方は　$4!=24$ 通り．

　よって，求める座り方は

$$2 \cdot 24 \cdot 24 = 1152（通り）$$

図 2

⸨15⸩

\APPROACH/
　1 個しか使わない色を固定します．(3) で考える並べ方は「じゅず順列 (言い
にくい 😊)」といいます．円順列の中で線対称になっていないものはひっくり
返すと別の円順列に一致しますから，その数だけ 2 で割ります．

(1)　何種類の玉を取り出すかで場合分けする．

(ⅰ)　1 種類の玉を取り出すとき
　赤玉 3 個を取り出す場合で，その円順列は 1 通り．

(ⅱ)　2 種類の玉を取り出すとき
　全部で 3 個取り出すから，2 個取り出す色と 1 個取
り出す色があり，その組は，2 個，1 個の順に
　　(赤, 白)，(赤, 青)，(白, 赤)，(白, 青)
の 4 通りある．その 3 個の玉の円順列は，1 個取り出
す色の場所を固定して考えると，1 通り．よって

$$4 \cdot 1 = 4（通り）$$

Point
何色使うかで円順列の
個数が変わります.

(ⅱ)のとき　　　図 1

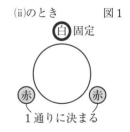

1 通りに決まる

(iii)　3種類の玉を取り出すとき

　　　赤玉, 白玉, 青玉を1個ずつ取り出す. その3個の玉の円順列は, 赤玉の場所を固定して考えると, 2!＝2通り.

　　　以上より, 求める並べ方は

$$1+4+2={}^{ア}7 \text{(通り)}$$

(2)　青玉の場所を固定して考える. 残り6個の玉が入る場所は区別があるから, 図2の1〜6の6カ所に <u>4個の赤玉と2個の白玉</u> を入れると考えて

$${}_6C_4={}^{イ}15 \text{(通り)}$$

(3)　(2)で求めた15通りのうち, 線対称であるもの (対称軸があるもの) は, 対称軸に関して片側に赤玉2個, 白玉1個が入るから, その入れ方を考えて, ${}_3C_2＝3$ 通りある. 線対称でないものは $15-3＝12$ 通りある.

　　　線対称でないものは, 図3のように, 裏返すと別の円順列と一致するから, 2つずつ重複して数えられている. 一方, 図4のような線対称であるものは, 裏返しても自分自身と同じであるから, 重複して数えられていない.

　　　よって, 求める並べ方は

$$\frac{12}{2}+3={}^{ウ}9 \text{(通り)}$$

青固定

① ⑥

② ⑤

③ ④　図2

1〜6に4個の赤玉と2個の白玉を入れる

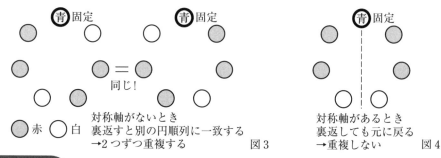

● 赤 ○ 白　対称軸がないとき　裏返すと別の円順列に一致する　→2つずつ重複する　　図3

同じ!

対称軸があるとき　裏返しても元に戻る　→重複しない　　図4

8　組分け

(16)

APPROACH

　組に区別があるかどうかを意識して立式しましょう. 組に名前がなくても人が入った時点で区別がつきます.

(1) 3つの組は人数が異なり，区別があるから

$$_{12}C_7 \cdot {}_5C_3 \cdot {}_2C_2 = \frac{12 \cdot 11 \cdot 10 \cdot 9 \cdot 8}{5 \cdot 4 \cdot 3 \cdot 2} \cdot 10 = 11 \cdot 9 \cdot 8 \cdot 10 = 7920 \,(通り)$$

(2) 3人の2つの組は名前がなく人数も同じで，区別がないから

$$\frac{{}_{12}C_6 \cdot {}_6C_3 \cdot {}_3C_3}{2!} = \frac{\dfrac{12 \cdot 11 \cdot 10 \cdot 9 \cdot 8 \cdot 7}{6 \cdot 5 \cdot 4 \cdot 3 \cdot 2} \cdot \dfrac{6 \cdot 5 \cdot 4}{3 \cdot 2}}{2} = \frac{12 \cdot 11 \cdot 7 \cdot 20}{2} = 9240 \,(通り)$$

(3) 3つの組は名前がなく人数も同じで，区別がないから

$$\frac{{}_{12}C_4 \cdot {}_8C_4 \cdot {}_4C_4}{3!} = \frac{\dfrac{12 \cdot 11 \cdot 10 \cdot 9}{4 \cdot 3 \cdot 2} \cdot \dfrac{8 \cdot 7 \cdot 6 \cdot 5}{4 \cdot 3 \cdot 2}}{6} = \frac{11 \cdot 5 \cdot 9 \cdot 2 \cdot 7 \cdot 5}{6}$$

$$= 11 \cdot 5 \cdot 3 \cdot 7 \cdot 5 = 5775 \,(通り)$$

(4) 先に女子を分け，それぞれの組に男子を入れると考える．

女子を2人ずつ3つの組に分ける方法は

$$\frac{{}_6C_2 \cdot {}_4C_2 \cdot {}_2C_2}{3!} = \frac{15 \cdot 6}{6} = 15 \,(通り)$$

Point
女子を分けるときは，3つの組は名前がなく人数も同じですから，区別がありません．

この3つの組に男子を2人ずつ入れる方法は

$$_6C_2 \cdot {}_4C_2 \cdot {}_2C_2 = 15 \cdot 6 = 90 \,(通り)$$

Point
女子を入れた時点で組に区別がつきます．誰と同じ組になるかで運命が変わります☺．

よって，求める分け方は

$$15 \cdot 90 = 1350 \,(通り)$$

(5) 女子は2人，1人，1人の3つの組に分ける．その分け方は

$$\frac{{}_4C_2 \cdot {}_2C_1 \cdot {}_1C_1}{2!} = \frac{6 \cdot 2}{2} = 6 \,(通り)$$

Point
女子1人の2つの組には区別がありません．

2人，1人，1人の3つの組に男子をそれぞれ2人，3人，3人入れる．その入れ方は

$$_8C_2 \cdot {}_6C_3 \cdot {}_3C_3 = 28 \cdot 20 = 560 \,(通り)$$

よって，求める分け方は

$$6 \cdot 560 = 3360 \,(通り)$$

9 重複順列

17

\APPROACH/

　表の作り方をイメージしましょう．どの文字も1回以上現れる並べ方は，すべての並べ方から不適なものを除くと考えます．

(1)　各文字はRかGの2通りあるから，n 個の文字列の作り方は 2^n 通り．

(2)　(1)の 2^n 通りのうち，Rのみ，Gのみを並べる文字列の2通りは不適であるから，求める並べ方は 2^n-2 通り．

(3)　R，G，Bから重複を許して n 個選んで並べる順列は 3^n 通りある．このうち，ちょうど2種類の文字を使う文字列と，1種類のみの文字を使う文字列を除く．

　　ちょうど2種類の文字を使うとき，その2種類の文字の組合せは ${}_3C_2$ 通りあり，その2文字のどちらも1回以上使ってできる文字列は，(2)と同様に 2^n-2 通りある．

　　よって，${}_3C_2(2^n-2)$ 通りある．

　　1種類のみの文字を使う文字列は，Rのみ，Gのみ，Bのみの3通りある．

　　以上より，求める並べ方は
$$3^n-{}_3C_2(2^n-2)-3=3^n-3\cdot2^n+3 \text{（通り）}$$

Point

使う文字をR，Gと選んでもG，Rと選んでも同じです．順序は区別しません．

18

／APPROACH／

　重複順列の問題ですが，小問ごとに考え方が変わります．場合分けする際には，重複がないか（排反か）どうかに注意しましょう．

(1)　(i)　Aがちょうど5個現れるとき

　　　Aが何文字目に現れるかを考えて，${}_7C_5=21$ 通り．

　(ii)　Aがちょうど6個現れるとき

　　　(i)と同様に，${}_7C_6=7$ 通り．

　(iii)　Aが7個現れるとき

　　　(i)と同様に，${}_7C_7=1$ 通り．

　　以上より，求める順列は
$$21+7+1=29 \text{（通り）}$$

Point

文字列に含まれるAの個数で重複がないように（排反に）場合分けします．

(2)　全部で7文字であるから，AABBは1回しか現れないことに注意する．AABBを1文字とみなして，残り3文字の入る場所を○で表す．

$$\boxed{\text{AABB}}, \ ○, \ ○, \ ○$$

の順列を考えて
$${}_4C_1=4 \text{（通り）}$$

このとき，例えば下のような順列ができる．

$$○ \ \boxed{\text{AABB}} \ ○ \ ○$$

Point

複数回現れると，重複して数える可能性が出てきます．
(P.24 JUMP UP! **1**)

Point

まず，かたまりの場所を決めます．

3つの○にはAかBが入るから，その入れ方は

$$2^3=8（通り）$$

よって，求める順列は

$$4\cdot8=32（通り）$$

(3)　Aが何文字目から連続するかで場合分けする．

(i)　| A | A | A | | | |　$2^4=16$（通り）

(ii)　| B | A | A | A | | |　$2^3=8$（通り）

(iii)　| | B | A | A | A | |　$2^3=8$（通り）

(iv)　| | | B | A | A | A |　$2^3=8$（通り）

(v)　| * | * | * | B | A | A | A |　$2^3-1=7$（通り）

のいずれかである．ただし，| |にはAかBが入る．

また，(v)の| * | * | * |にはAAA以外の3文字が入る．

よって，全部で

$$16+8+8+8+7=47（通り）$$

別解　連続して現れるAの個数で場合分けする．

(i)　Aがちょうど3個連続するとき

・　| A | A | A | B | | |　$2^3=8$（通り）

・　| B | A | A | A | B | |　$2^2=4$（通り）

・　| | B | A | A | A | B |　$2^2=4$（通り）

・　| | | B | A | A | A | B |　$2^2=4$（通り）

・　| * | * | * | B | A | A | A |　$2^3-1=7$（通り）

のいずれかで

$$8+4+4+4+7=27（通り）$$

(ii)　Aがちょうど4個連続するとき

・　| A | A | A | A | B | | |　$2^2=4$（通り）

・　| B | A | A | A | A | B | |　2通り

・　| | B | A | A | A | A | B |　2通り

- | | | B | A | A | A | A |　　$2^2=4$（通り）

のいずれかで

$$4+2+2+4=12\text{（通り）}$$

(iii)　Aがちょうど5個連続するとき

- | A | A | A | A | A | B | |　　2通り

- | B | A | A | A | A | B |　　1通り

- | | B | A | A | A | A |　　2通り

のいずれかで

$$2+1+2=5\text{（通り）}$$

(iv)　Aがちょうど6個連続するとき

- | A | A | A | A | A | B |

- | B | A | A | A | A | A |

の2通り．

(v)　Aが7個連続するとき

- | A | A | A | A | A | A |

の1通り．

以上より，求める順列は

$$27+12+5+2+1=47\text{（通り）}$$

JUMP UP!

1 もし「AABがこの順に連続して現れる」であれば，少し工夫が必要です．

　　| AAB |, ○, ○, ○, ○

のように考えて，$_5C_1\cdot 2^4=5\cdot 16=80$ 通り，とするのは間違いです．AAB が2回現れるものが重複して数えられているからです．

　　例えば，AABAABA は

　　| AAB | AABA, AAB | AAB | A

のように，2回数えられています．AABが2回現れるものは

　　| AAB |, | AAB |, ○

のように考えて，$_3C_2\cdot 2=6$ 通りありますから，その分を引いて

$$80-6=74\text{（通り）}$$

となります．

2 次のようにAAAの位置で場合分けするのはよくありません．

(i)	A	A	A			

(ii)		A	A	A		

(iii)			A	A	A	

(iv)				A	A	A

(v)				A	A	A

これらは重複がある（排反ではない）からです．例えば AAAAAAA はすべての場合に含まれます．

10　重複組合せ

19

APPROACH

みかんを分ける問題と同様に，○と｜の順列を考えます．(2)以降は「残酷ルール」に帰着させましょう．(4)は不等式ですから，分けるみかんが余ってもよいという設定です．もう1人見えない人（幽霊？）がいると考え，その取り分も考えると，(2)と同様に解けます．

(1)　10個の○を3個の｜で4つに分け，左から順に a, b, c, d とする．例えば

$$a \qquad\quad b \qquad\quad c \qquad\quad d$$
$$○\,○\,｜\,○\,○\,○\,○\,○\,｜\,｜\,○\,○\,○$$

であれば，$(a, b, c, d) = (2, 5, 0, 3)$ である．

10個の○と3個の｜の順列を考えて，求める数は

$$_{13}C_3 = \frac{13\cdot12\cdot11}{3\cdot2} = 13\cdot2\cdot11 = 286$$

Point

a, b, c, d はすべて1以上ですから，1を引けば0以上です．

(2)　$a' = a-1$, $b' = b-1$, $c' = c-1$, $d' = d-1$ とおくと

$$a' + b' + c' + d' = 6, \quad a' \geqq 0, \quad b' \geqq 0, \quad c' \geqq 0, \quad d' \geqq 0$$

(a', b', c', d') と (a, b, c, d) は1対1に対応するから，(1)と同様に，6個の○と3個の｜の順列を考えて，求める数は

$$_9C_3 = \frac{9\cdot8\cdot7}{3\cdot2} = 3\cdot4\cdot7 = 84$$

$$a' \qquad\quad b' \qquad\quad c' \qquad\quad d'$$
$$○\,｜\,○\,○\,○\,｜\,｜\,○\,○$$

Point

$a > b$ より $a = b$ の方が考えやすいです．

(3)　$\underline{a = b}$ となるのは $a' = b'$ となるときで

$$2a' + c' + d' = 6 \qquad \therefore \quad c' + d' = 6 - 2a'$$

$c'+d' \geqq 0$ より $6-2a' \geqq 0$ で，$a'=0$，1，2，3 である.

$a'=0$ のとき，$c'+d'=6$ より

　　$(c', d')=(0, 6)$，$(1, 5)$，$\cdots$，$(6, 0)$　（7個）

$a'=1$ のとき，$c'+d'=4$ より

　　$(c', d')=(0, 4)$，$(1, 3)$，$\cdots$，$(4, 0)$　（5個）

$a'=2$ のとき，$c'+d'=2$ より

　　$(c', d')=(0, 2)$，$(1, 1)$，$(2, 0)$　（3個）

$a'=3$ のとき，$c'+d'=0$ より

　　$(c', d')=(0, 0)$　（1個）

よって，$a=b$ となるのは

　　$7+5+3+1=16$（個）

a と b は対等で $a>b$ となる組と $a<b$ となる組は同数あるから，求める数は

$$\frac{84-16}{2}=34$$

(4)　(2)と同様に

　　$a'+b'+c'+d' \leqq 6$，$a' \geqq 0$，$b' \geqq 0$，$c' \geqq 0$，$d' \geqq 0$

となる整数の組 (a', b', c', d') の個数を求める.

　$e=6-(a'+b'+c'+d')$ とおくと

　　$a'+b'+c'+d'+e=6$

　　$a' \geqq 0$，$b' \geqq 0$，$c' \geqq 0$，$d' \geqq 0$，$e \geqq 0$

6個の○と4個の｜の順列を考えて，求める数は

　　${}_{10}C_4=\dfrac{10 \cdot 9 \cdot 8 \cdot 7}{4 \cdot 3 \cdot 2}=10 \cdot 3 \cdot 7=210$

$$\begin{array}{ccccc} a' & b' & c' & d' & e \\ | \bigcirc \bigcirc | & & | \bigcirc \bigcirc \bigcirc | \bigcirc | \end{array}$$

別解　$a'+b'+c'+d'$ の値で場合分けする.

　$a'+b'+c'+d'=k$ $(k=0, 1, \cdots, 6)$ のとき，k 個の○と3個の｜の順列を考えて，${}_{k+3}C_3$ 通りあるから，k を動かして和をとると

　　${}_3C_3+{}_4C_3+{}_5C_3+{}_6C_3+{}_7C_3+{}_8C_3+{}_9C_3$

　$=1+4+10+\dfrac{6 \cdot 5 \cdot 4}{3 \cdot 2}+\dfrac{7 \cdot 6 \cdot 5}{3 \cdot 2}+\dfrac{8 \cdot 7 \cdot 6}{3 \cdot 2}+\dfrac{9 \cdot 8 \cdot 7}{3 \cdot 2}$

　$=1+4+10+20+35+56+84=210$

11 確率の基本

20

APPROACH

さいころを 2 回振る問題ですから，表を書くのが明快です．r, s の両方の表を書きましょう．

(1) 2 つのさいころの目の組 (a, b) は全部で $6^2=36$ 通りある．

(a, b) に対する r, s の値は，下の表のようになる．

$a \backslash b$	1	2	3	4	5	6
1	0	0	0	0	0	0
2	-1	0	1	0	1	0
3	-1	-1	0	1	2	0
4	-1	-1	-1	0	1	2
5	-1	-1	-1	-1	0	1
6	-1	-1	-1	-1	-1	0

表 1：r の値

$a \backslash b$	1	2	3	4	5	6
1	-1	-1	-1	-1	-1	-1
2	0	-1	-1	-1	-1	-1
3	0	1	-1	-1	-1	-1
4	0	0	1	-1	-1	-1
5	0	1	2	1	-1	-1
6	0	0	0	2	1	-1

表 2：s の値

表 1 より $r=0$ となるのは 14 通りあるから，求める確率は

$$\frac{14}{36}=\frac{7}{18}$$

(2) $rs=0$ となるのは，$r=0$ または $s=0$ となるときである．

$r=0$ となるのは 14 通り．

$s=0$ となるのは，表 2 より 8 通り．

$r=0$ かつ $s=0$ となることはない．

よって，求める確率は

$$\frac{14+8}{36}=\frac{22}{36}=\frac{11}{18}$$

Point
$r=0$ と $s=0$ は排反ですから，場合の数は単にたせばよいです．

21

APPROACH

まず適する 3 つの目の組合せを考えましょう．その後，どのサイコロがどの目であるかを考えます．同じ目が出るかどうかで場合の数が異なることに注意しましょう．

(1)　3個のサイコロの目の出方は全部で $6^3=216$ 通り.

　　和が 12 になる 3 つの目の組合せは

$$(1,\ 5,\ 6),\ (2,\ 4,\ 6),\ (2,\ 5,\ 5),$$
$$(3,\ 3,\ 6),\ (3,\ 4,\ 5),\ (4,\ 4,\ 4)$$

　のいずれかである.

Point
まず順序を無視して組合せで考えます.
(P.29 JUMP UP! **1**)

　(ⅰ)　3 つの目の組合せが $(1,\ 5,\ 6),\ (2,\ 4,\ 6),\ (3,\ 4,\ 5)$ のとき

　　　　3 つの目が異なるから, <u>3 個のサイコロの目の出方</u>

　　はそれぞれ 3! 通りずつある.

Point
3 つの目を並べる順列の数と同じです.
(P.30 JUMP UP! **2**)

　(ⅱ)　3 つの目の組合せが $(2,\ 5,\ 5),\ (3,\ 3,\ 6)$ のとき

　　　　1 つの目だけ異なるから, 3 個のサイコロの目の出

　　方はそれぞれ $_3C_1$ 通りずつある.

　(ⅲ)　3 つの目の組合せが $(4,\ 4,\ 4)$ のとき

　　　　3 つの目が同じであるから, 3 個のサイコロの目の出方は 1 通りである.

　　以上より, 和が 12 になる 3 つの目の出方は

$$3\cdot3!+2\cdot{_3C_1}+1=3\cdot6+2\cdot3+1=18+6+1=25\,(通り)$$

　であるから, 求める確率は

$$\frac{25}{216}$$

(2)　<u>3 つの目の和は 3 以上</u>であるから, それが 12 の約数

　になるのは, 3, 4, 6, 12 のときである.

Point
3 つの目の和は 3 以上 18 以下です. 12 の約数であっても 1 と 2 はとれません.

　(ⅰ)　3 つの目の和が 3 のとき

　　　　3 つの目の組合せは $(1,\ 1,\ 1)$ であり, 1 通り.

　(ⅱ)　3 つの目の和が 4 のとき

　　　　3 つの目の組合せは $(1,\ 1,\ 2)$ であり, $_3C_1=3$ 通り.

　(ⅲ)　3 つの目の和が 6 のとき

　　　　3 つの目の組合せは $(1,\ 1,\ 4),\ (1,\ 2,\ 3),\ (2,\ 2,\ 2)$ のいずれかであり

$$_3C_1+3!+1=3+6+1=10\,(通り)$$

　(ⅳ)　3 つの目の和が 12 のとき

　　　　(1)より, 25 通り.

　　以上より, 和が 12 の約数になる 3 つの目の出方は

$$1+3+10+25=39\,(通り)$$

　であるから, 求める確率は

$$\frac{39}{216}=\frac{13}{72}$$

(3)　3 つの目の積のうち 12 の約数であるのは, 1, 2, 3, 4, 6, 12 である.

　(ⅰ)　3 つの目の積が 1 のとき

3 つの目の組合せは $(1, 1, 1)$ であり，1 通り．

(ⅱ) 3 つの目の積が 2 のとき

3 つの目の組合せは $(1, 1, 2)$ であり，${}_3C_1＝3$ 通り．

(ⅲ) 3 つの目の積が 3 のとき

3 つの目の組合せは $(1, 1, 3)$ であり，${}_3C_1＝3$ 通り．

(ⅳ) 3 つの目の積が 4 のとき

3 つの目の組合せは $(1, 1, 4)$，$(1, 2, 2)$ のいずれかであり

$$2 \cdot {}_3C_1＝2 \cdot 3＝6（通り）$$

(ⅴ) 3 つの目の積が 6 のとき

3 つの目の組合せは $(1, 1, 6)$，$(1, 2, 3)$ のいずれかであり

$$_3C_1＋3!＝3＋6＝9（通り）$$

(ⅵ) 3 つの目の積が 12 のとき

3 つの目の組合せは $(1, 2, 6)$，$(1, 3, 4)$，$(2, 2, 3)$ のいずれかであり

$$2 \cdot 3!＋{}_3C_1＝2 \cdot 6＋3＝15（通り）$$

以上より，積が 12 の約数になる 3 つの目の出方は

$$1＋3＋3＋6＋9＋15＝37（通り）$$

であるから，求める確率は

$$\frac{37}{216}$$

JUMP UP!

1 3 つの目の組合せの列挙の仕方を確認しておきます．適当に気が付いた順に書いていくと，数え落としをする可能性があります．堅実な方法をとりましょう．

まず，組合せは順序を区別しませんから，3 つの目を小さい順に書いていくことにします．また，最初の目を小さい順に 1 から動かしていきます．和が 12 で $(1, ○, ○)$ のとき，残り 2 つの目の和は 11 です．残り 2 つの目が 1 ～ 6 であることから，例えば $(1, 1, 10)$，$(1, 2, 9)$ などは不適で

$$(1, 5, 6)$$

しかありません．

$(2, ○, ○)$ のとき，残り 2 つの目の和は 10 です．最初の目が 2 ですから，残り 2 つの目は 2 ～ 6 です．次は真ん中の目が小さい順に書いていきましょう．$(2, 2, 8)$，$(2, 3, 7)$ は不適で

$$(2, 4, 6)，(2, 5, 5)$$

の 2 つあります．この次の $(2, 6, 4)$ は小さい順ではありませんから不適で，この 2 つのみです．敢えて不適なものが現れるまで調べると安全です．

　　(3, ○, ○) のとき，残り2つの目は3〜6で，和は9です．
　　　(3, 3, 6)，(3, 4, 5)
の2つあります．次の (3, 5, 4) は不適です．
　　(4, ○, ○) のとき，残り2つの目は4〜6で，和は8です．
　　　(4, 4, 4)
しかありません．
　　(5, ○, ○)，(6, ○, ○) のときは，和が15以上になって不適です．
　　以上より，和が12になる3つの目の組合せは
　　　(1, 5, 6)，(2, 4, 6)，(2, 5, 5)，
　　　(3, 3, 6)，(3, 4, 5)，(4, 4, 4)
の6通りになります．

2 例えば3つの目の組合せ (1, 5, 6) に対し，大，中，小のサイコロの目の出方は
　　　(大, 中, 小)＝(1, 5, 6)，(1, 6, 5)，(5, 1, 6)，
　　　　　　　　　　(5, 6, 1)，(6, 1, 5)，(6, 5, 1)
の6通りあります．この6というのは，異なる3つの数1, 5, 6を一列に並べる順列の数で，3! です．また，これらは全事象の 6^3 通りの中ですべて異なる目の出方として数えられています．

　一方，3つの目の組合せ (2, 5, 5) に対し，大，中，小のサイコロの目の出方は
　　　(大, 中, 小)＝(2, 5, 5)，(5, 2, 5)，(5, 5, 2)
の3通りです．これも2, 5, 5を一列に並べる順列の数で，$_3C_1$ です．

　3つの目の組合せ (4, 4, 4) に対しては，目の入れ換えができませんから，大，中，小のサイコロの目の出方は1通りです．

　このように具体的に考えていけば，3つの目がすべて異なる場合，2つだけが等しい場合，3つとも等しい場合で，3つの目の組合せに対する実際の目の出方の数が異なることが分かります．この考え方は(1)〜(3)すべてで使います．

12 余事象を考える

22

APPROACH

球を2個取り出すときは，直接求めても余事象を考えても大きな差はありませんが，球を3個取り出すときは，球の色が2色以上になるパターンが多く，余事象を考える方が簡単です．ここでは，練習のためにどちらも余事象で解いてみましょう．

袋から2個の球を取り出すとき，2個の球の組合せは $_6C_2=15$ 通り．

余事象を考える．

2個とも同じ色になるのは，赤球2個または白球2個を取り出す場合で

$$_3C_2+_2C_2=3+1=4（通り）$$

よって，求める確率は，余事象の確率を1から引いて

$$1-\frac{4}{15}=\overset{ア}{}\frac{11}{15}$$

袋から3個の球を取り出すとき，3個の球の組合せは

$$_6C_3=\frac{6\cdot5\cdot4}{3\cdot2}=20（通り）$$

余事象を考える．

3個の球の色が1色になるのは，赤球3個を取り出す場合で

$$_3C_3=1（通り）$$

よって，求める確率は，余事象の確率を1から引いて

$$1-\frac{1}{20}=\overset{イ}{}\frac{19}{20}$$

Point
「球の色が2色以上」の余事象は「球の色が1色のみ」です．

別解　直接求める．

袋から2個の球を取り出すとき，球の色が異なるのは，赤球1個と白球1個，赤球1個と黒球1個，白球1個と黒球1個の3つに分けて考えると

$$_3C_1\cdot_2C_1+_3C_1\cdot_1C_1+_2C_1\cdot_1C_1=6+3+2=11（通り）$$

よって，求める確率は

$$\overset{ア}{}\frac{11}{15}$$

袋から3個の球を取り出すとき，球の色が2色以上になるのは，赤球1個と白

Point
これら3つの場合はすべて排反ですから，場合の数は単にたせばよいです．

1個と黒球1個，赤球2個と白球1個，赤球2個と黒球1個，白球2個と赤球1個，白球2個と黒球1個の5つの場合があり

$$_3C_1 \cdot _2C_1 \cdot _1C_1 + _3C_2 \cdot _2C_1 + _3C_2 \cdot _1C_1 + _2C_2 \cdot _3C_1 + _2C_2 \cdot _1C_1$$
$$= 6 + 6 + 3 + 3 + 1 = 19 \text{（通り）}$$

よって，求める確率は

$$\text{イ} \frac{19}{20}$$

23

APPROACH

　4人のじゃんけんはともかく，n人のじゃんけんであいこになる確率は直接求めにくいです．どちらも余事象を考えて，同じように解くのがよいでしょう．

(1)　4人の手の出し方は3^4通り．

　2人が勝って2人が負けるとき，勝つ2人の組合せは$_4C_2$通り．<u>勝つ手の出し方</u>は3通りであるから，求める確率は

$$\frac{_4C_2 \cdot 3}{3^4} = \frac{6}{3^3} = \frac{2}{9}$$

(2)　<u>余事象を考える</u>．

　あいこではなく勝負がつくのは，4人の出す手がグー，チョキ，パー（それぞれ G，C，P と表す）のうちの2つに偏る場合である．

　偏る2つの手の組合せは$_3C_2$通り．このうち，例えばGとCに偏るとき，<u>4人がどちらの手を出すか</u>を考えると2^4通りあるが，Gのみ，Cのみに偏る場合はあいこになって不適であるから，その2通りを引いて，$(2^4 - 2)$通り．GとPのみ，CとPのみに偏る場合も同様であるから，勝負がつく確率は

$$\frac{_3C_2(2^4 - 2)}{3^4} = \frac{14}{3^3} = \frac{14}{27}$$

　求める確率は，勝負がつく確率を1から引いて

$$1 - \frac{14}{27} = \frac{13}{27}$$

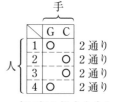

ただし，一方に偏る場合を含む

(3) (2)と同様に，求める確率は

$$1-\frac{{}_3\mathrm{C}_2(2^n-2)}{3^n}=1-\frac{2^n-2}{3^{n-1}}$$

Point
(2)での 4 を n にするだけです．

(2)は，1人または2人または3人が勝つ確率を1から引いて

$$1-\frac{{}_4\mathrm{C}_1\cdot3}{3^4}-\frac{{}_4\mathrm{C}_2\cdot3}{3^4}-\frac{{}_4\mathrm{C}_3\cdot3}{3^4}=1-\frac{4}{27}-\frac{6}{27}-\frac{4}{27}=\frac{13}{27}$$

とできますが，n 人では大変です（二項定理を使うことになります）．上の解答の方法がよいでしょう．

第2章
確率

24

╲APPROACH╱

(2)の「少なくとも1つ」は余事象を考えます．(3)では出る目を「文字でおく」(▶本冊 P.15) と解答しやすいです．　**11**　(▶本冊 P.30) の類題です．

(1)　4回のさいころの目の出方は $6^4=$ ^ア1296 通り．

(2)　余事象を考える．

4つの目が異なるのは，$6\cdot5\cdot4\cdot3$ 通りであるから，この確率は

$$\frac{6\cdot5\cdot4\cdot3}{6^4}=\frac{5\cdot2}{6^2}=\frac{5}{18}$$

求める確率は

$$1-\frac{5}{18}=\,^イ\frac{13}{18}$$

Point

のマスに1〜6の中から異なる数を選んで順番に入れていくイメージです．

(3)　以下，異なる文字 a, b, c は異なる目を表すとする．

（i）　4つの目の組合せが $(a,\ a,\ a,\ a)$ のとき

a の選び方は 1〜6 の6通りあり，$a,\ a,\ a,\ a$ の順列は1通りであるから，4つの目の出方は

$$6\cdot1=6\,(通り)$$

Point
最も多く出る目（ここでは a）が何回出るかで場合分けします．

（ii）　4つの目の組合せが $(a,\ a,\ a,\ b)$ のとき

a, b には区別があるから順番に選ぶ．a は 1〜6 の6通りあり，b は a 以外で5通りある．$a,\ a,\ a,\ b$ の順列は ${}_4\mathrm{C}_3=4$ 通りあるから，4つの目の出方は

$$6\cdot5\cdot4=120\,(通り)$$

Point
a と b は使う回数が異なり区別があります．

（iii）　4つの目の組合せが $(a,\ a,\ b,\ c)$ のとき

a は 1〜6 の6通りある．b, c には区別がないから同時に選ぶ．a 以外の5つの目の中から異なる2個

Point
a だけ使う回数が異なり特別ですから，先に選びます．b と c には区別がありません．
(P.34 **JUMP UP!**)

の数を選ぶ組合せを考えて, $_5C_2=10$ 通り. a, a, b, c の順列は $\dfrac{4!}{2!}=12$ 通り

あるから, 4つの目の出方は

$6 \cdot 10 \cdot 12 = 720$ (通り)

以上より, 求める確率は

$$\frac{6+120+720}{6^4}=\frac{846}{6^4}=\frac{141}{6^3}=\overset{ウ}{\frac{47}{72}}$$

Point

a, a, b, b は題意を満たさず不適です.

JUMP UP!

(a, a, b, c) では, a だけ特別で b, c とは区別があり, 一方, b と c には区別がありません. ピンと来なければ, 具体例で確認しましょう. ⑪の解答 (▶P.14) でも述べましたが, 重要なことですから繰り返します.

a と b に区別があるということは, a と b の値を入れ換えると異なる状況になるということです. 例えば, $(a, b, c)=(1, 2, 6)$ と $(a, b, c)=(2, 1, 6)$ では, 「1, 1, 2, 6」の目が出るか, 「2, 2, 1, 6」の目が出るかということですから, 状況が異なります. a と b には区別があります. 同様に a と c にも区別があります. そこで, まず特別な a を先に選びます. ここでは 2 を選んだとして, $(2, 2, b, c)$ となっているとします.

次に残った5つの目から b, c を選びます. b と c には区別がないことに注意しましょう. 例えば, $(2, 2, 1, 6)$ と $(2, 2, 6, 1)$ は同じ4つの目の組合せですから, b と c の値を入れ換えても状況は変わりません. よって, b と c は順序を区別せず, 組合せで選びます. 同時に 1 と 6 を選んだとすると, 得られる4つの目の組合せは $(2, 2, 1, 6)$ です.

13 独立試行の確率

25

APPROACH

3つのサイコロを振る試行は独立です. 確率を順番にかけていきます. 小問によっては $\dfrac{(\text{場合の数})}{(\text{全事象})}$ で求めてもよいでしょう.

(1) サイコロAとサイコロBの出る目が等しいのは，両方とも1〜6の同じ目が出る場合である．

　　サイコロAとサイコロBともに1の目が出る確率は

$$\frac{1}{6}\cdot\frac{1}{8}=\frac{1}{48}$$

2〜6の同じ目が出る確率も同じであるから，求める確率は，この確率の6倍で

$$\frac{1}{48}\cdot6=\frac{1}{8}$$

Point
どの目が出るかで確率
は変わりませんから，
結果を6倍します．

第2章

確率

(2) 余事象を考える．

　　サイコロBとサイコロCの出る目の積が3の倍数でないのは，どちらも3の倍数でない目が出る場合である．サイコロBは3，6以外の目(6通り)が出て，サイコロCは3，6，…，18以外の目(14通り)が出る場合で，この確率は

$$\frac{6}{8}\cdot\frac{14}{20}=\frac{3}{4}\cdot\frac{7}{10}=\frac{21}{40}$$

よって，求める確率は

$$1-\frac{21}{40}=\frac{19}{40}$$

Point
「積が○の倍数」の確
率は余事象を考えます．
(▶本冊P.89)

(3) サイコロAは3〜6の目(4通り)，サイコロBは3〜8の目(6通り)，サイコロCは3〜20の目(18通り)が出る確率で

$$\frac{4}{6}\cdot\frac{6}{8}\cdot\frac{18}{20}=\frac{2}{3}\cdot\frac{3}{4}\cdot\frac{9}{10}=\frac{9}{20}$$

(4) 最小値が3となる目の出方は，最小値が3以上となる目の出方から，最小値が4以上となる目の出方を除いたものである．

　　出る目の最小値が3以上となるのは，すべて3以上の目が出る場合で，この確率は(3)より$\frac{9}{20}$である．出る目の最小値が4以上となるのは，すべて4以上の目が出る場合で，(3)と同様に

$$\frac{3}{6}\cdot\frac{5}{8}\cdot\frac{17}{20}=\frac{1}{2}\cdot\frac{5}{8}\cdot\frac{17}{20}=\frac{17}{64}$$

求める確率はこれらの差で

$$\frac{9}{20}-\frac{17}{64}=\frac{144-85}{320}=\frac{59}{320}$$

Point
最大値，最小値の確率
の定番の手法です．
(P.36 JUMP UP!)

最小値が3

別解 (1) $\dfrac{(\text{場合の数})}{(\text{全事象})}$ で求める.

Point
(1)は $\dfrac{(\text{場合の数})}{(\text{全事象})}$ の方がシンプルです.

　　サイコロAとサイコロBの目の出方は $6 \cdot 8 = 48$ 通り.
このうち2つのサイコロの出る目が等しいのは, 両方とも1〜6の同じ目を出す場合の6通りあるから, 求める確率は

$$\frac{6}{48} = \frac{1}{8}$$

(2)　サイコロBとサイコロCの目の出方は $8 \cdot 20$ 通り.
　　余事象を考える.

Point
(2), (3)は $\dfrac{(\text{場合の数})}{(\text{全事象})}$ で立式してもほぼ同じです.

　　サイコロBとサイコロCの出る目の積が3の倍数でないのは, サイコロBが3, 6以外の目 (6通り) を出し, サイコロCが3, 6, …, 18以外の目 (14通り) を出す場合で, $6 \cdot 14$ 通りあるから, この確率は

$$\frac{6 \cdot 14}{8 \cdot 20} = \frac{21}{40}$$

　　よって, 求める確率は

$$1 - \frac{21}{40} = \frac{19}{40}$$

(3)　サイコロAとサイコロBとサイコロCの目の出方は $6 \cdot 8 \cdot 20$ 通り. このうち3つの目がすべて3以上であるのは, サイコロAが3〜6の目 (4通り) を出し, サイコロBが3〜8の目 (6通り) を出し, サイコロCが3〜20の目 (18通り) を出す場合で, $4 \cdot 6 \cdot 18$ 通りあるから, 求める確率は

$$\frac{4 \cdot 6 \cdot 18}{6 \cdot 8 \cdot 20} = \frac{9}{20}$$

(4)　サイコロAとサイコロBとサイコロCの目の出方 $6 \cdot 8 \cdot 20$ 通りのうち, 最小値が3以上となるのは $4 \cdot 6 \cdot 18$ 通り, 最小値が4以上となるのは $3 \cdot 5 \cdot 17$ 通りあるから, 求める確率は

$$\frac{4 \cdot 6 \cdot 18 - 3 \cdot 5 \cdot 17}{6 \cdot 8 \cdot 20} = \frac{3(4 \cdot 2 \cdot 18 - 5 \cdot 17)}{6 \cdot 8 \cdot 20} = \frac{144 - 85}{2 \cdot 8 \cdot 20} = \frac{59}{320}$$

JUMP UP!

　　出る目の最小値を m とすると, $m = 3$ となるのは, どの3つの目も3以上で, かつ3の目が少なくとも1回出るときです. 3つのサイコロで同じ目が出る可能性がありますから, 1つの目を3に固定して考えるのは危険です. そこで, ⑥ の **別解** (▶P.6) と同じ考え方を使います.
　　「3の目が少なくとも1回出る」という条件があるため, $m = 3$ となる確率 (または場合の数) は直接求めにくく, 一方, $m \geqq 3$ であれば, この条件

がはずれるため求めやすいです．なお，逆向きの不等式 $m \leqq 3$ では，「1
か 2 か 3 の目が少なくとも 1 回出る」となって，かえって難しくなること
に注意してください．「最小値がある値<u>以上</u>」が考えやすいのです．同様
に「最大値がある値<u>以下</u>」も考えやすいです．

　この前提を踏まえれば，あとはベン図を想像します．
$m = 3$ となるのは $m \geqq 3$ から $m \geqq 4$ を除いたもので
すから，確率では

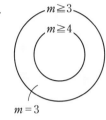

$$P(m=3) = P(m \geqq 3) - P(m \geqq 4)$$

であり，場合の数で考えると

$$n(m=3) = n(m \geqq 3) - n(m \geqq 4)$$

です．

26

＼APPROACH／

　一見ややこしく見えるかもしれませんが，まず，A，B，C が各公園に行く確
率を整理しましょう．「同じ公園」がどの公園かで場合分けします．
　(4)は余事象を考えるのが自然ですが，(1)～(3)を使って直接求めることもでき
ます．

(1)　東公園を E，西公園を W，北公園をNと表す．

　Aについて，E に行く確率は $\dfrac{1}{2}$，W に行く確率は $\dfrac{1}{2}$ である．

　Bについて，W に行く確率は $\dfrac{1}{2}$，E に行く確率は $\dfrac{1}{2} \cdot \dfrac{1}{2} = \dfrac{1}{4}$，N に行く確率

は $\dfrac{1}{2} \cdot \dfrac{1}{2} = \dfrac{1}{4}$ である．

　Cについて，N に行く確率は $\dfrac{1}{2}$，E に行く確率は $\dfrac{1}{2} \cdot \dfrac{1}{2} = \dfrac{1}{4}$，W に行く確率

は $\dfrac{1}{2} \cdot \dfrac{1}{2} = \dfrac{1}{4}$ である．

　AとBが同じ公園に行くの
は，A と B がともにE に行く
か，W に行くかのいずれか
で，求める確率は

A		B			C		
E	W	E	W	N	E	W	N
$\dfrac{1}{2}$	$\dfrac{1}{2}$	$\dfrac{1}{4}$	$\dfrac{1}{2}$	$\dfrac{1}{4}$	$\dfrac{1}{4}$	$\dfrac{1}{4}$	$\dfrac{1}{2}$

Point

E，W，N の順番をそろ
え，表にまとめておく
と分かりやすいです．

Point

2 人がどの公園に行く
かで分けます．表を見
て立式しましょう．

$$\dfrac{1}{2} \cdot \dfrac{1}{4} + \dfrac{1}{2} \cdot \dfrac{1}{2} = \dfrac{1}{8} + \dfrac{1}{4} = \dfrac{3}{8}$$

(2)　BとCが同じ公園に行くのは，BとCがともにEに行くか，Wに行くか，Nに行くかのいずれかで，求める確率は

$$\frac{1}{4}\cdot\frac{1}{4}+\frac{1}{2}\cdot\frac{1}{4}+\frac{1}{4}\cdot\frac{1}{2}=\frac{1}{16}+\frac{1}{8}+\frac{1}{8}=\frac{5}{16}$$

(3)　3人が同じ公園に行くのは，3人ともEに行くか，Wに行くかのいずれかで，求める確率は

$$\frac{1}{2}\cdot\frac{1}{4}\cdot\frac{1}{4}+\frac{1}{2}\cdot\frac{1}{2}\cdot\frac{1}{4}=\frac{1}{32}+\frac{1}{16}=\frac{3}{32}$$

(4)　<u>余事象を考える.</u>

A, B, C が行く公園を (A, B, C) で表すと，3人とも異なる公園に行くのは

$$(A, \ B, \ C)=(E, \ W, \ N), \ (E, \ N, \ W),$$
$$(W, \ E, \ N), \ (W, \ N, \ E)$$

のいずれかになる場合であるから，この確率は

$$\frac{1}{2}\cdot\frac{1}{2}\cdot\frac{1}{2}+\frac{1}{2}\cdot\frac{1}{4}\cdot\frac{1}{4}+\frac{1}{2}\cdot\frac{1}{4}\cdot\frac{1}{2}+\frac{1}{2}\cdot\frac{1}{4}\cdot\frac{1}{4}$$
$$=\frac{1}{8}+\frac{1}{32}+\frac{1}{16}+\frac{1}{32}=\frac{8}{32}=\frac{1}{4}$$

よって，求める確率は

$$1-\frac{1}{4}=\frac{3}{4}$$

別解　直接求める.

<u>AとBが同じ公園に行く確率</u>は，(1)より $\frac{3}{8}$ である.

BとCが同じ公園に行く確率は，(2)より $\frac{5}{16}$ である.

AとCが同じ公園に行くのは，AとCがともにEに行くか，Wに行くかのいずれかで，この確率は

$$\frac{1}{2}\cdot\frac{1}{4}+\frac{1}{2}\cdot\frac{1}{4}=\frac{1}{8}+\frac{1}{8}=\frac{1}{4}$$

これら3つの事象は排反ではなく，3人が同じ公園に行く場合が3回考えられている. よって，求める確率は，3つの確率の和から，3人が同じ公園に行く確率 $\frac{3}{32}$ の <u>2倍を引いて</u>

$$\frac{3}{8}+\frac{5}{16}+\frac{1}{4}-\frac{3}{32}\cdot2=\frac{6+5+4-3}{16}=\frac{12}{16}=\frac{3}{4}$$

Point
Aが E, W のどちらに行くかで分けて考えると, 考え落としをしにくいです.

Point
AとBが同じ公園に行くとき, Cも同じ公園に行く可能性があります.

Point
3回重複しますから, 2回分を引きます.

14 反復試行の確率

27

APPROACH

　上下左右に進みますから，進み方を矢印で表しておくと直感的に分かりやすいです．可能性がある動き方をすべてとらえ，それぞれの確率を
(場合の数)×(1回当たりの確率) で求めましょう．

　x 方向に $+1$ 進むことを→，x 方向に -1 進むことを←，y 方向に $+1$ 進むことを↑，y 方向に -1 進むことを↓と表す．→, ←, ↑, ↓が起こる確率は，それぞれ $\dfrac{1}{6}$, $\dfrac{2}{6}$, $\dfrac{1}{6}$, $\dfrac{2}{6}$ である．

　さいころを2回続けて振って原点Oにいるのは，<u>→と←が1回ずつ起こるか，↑と↓が1回ずつ起こる</u>場合のいずれかであるから，求める確率は

> **Point**
> これら2つの事象は排反です．

$$
{}_2C_1\left(\frac{1}{6}\right)^1\left(\frac{2}{6}\right)^1 + {}_2C_1\left(\frac{1}{6}\right)^1\left(\frac{2}{6}\right)^1
$$
$$
= 2\cdot\frac{1}{6}\cdot\frac{1}{3}\cdot 2 = {}^{\text{ア}}\frac{2}{9}
$$

　さいころを4回続けて振って原点Oにいるのは

(i) →と←が2回ずつ起こる

(ii) ↑と↓が2回ずつ起こる

(iii) →と←と↑と↓が1回ずつ起こる

のいずれかである．

> **Point**
> 4回後にOにいるとき，ある方向には2回までしか進めませんから，→の回数で場合分けしてもよいです．

(i)が起こる確率は

$$
{}_4C_2\left(\frac{1}{6}\right)^2\left(\frac{2}{6}\right)^2 = 6\cdot\frac{1}{36}\cdot\frac{1}{9} = \frac{1}{54}
$$

(ii)が起こる確率も，同様に $\dfrac{1}{54}$ である．

(iii)が起こる確率は

> **Point**
> 4択の反復試行の確率です．場合の数は→，←，↑，↓の順列の数で，4!です．

$$
\underline{4!}\left(\frac{1}{6}\right)^1\left(\frac{2}{6}\right)^1\left(\frac{1}{6}\right)^1\left(\frac{2}{6}\right)^1 = 24\cdot\frac{1}{6}\cdot\frac{1}{3}\cdot\frac{1}{6}\cdot\frac{1}{3} = \frac{2}{27}
$$

以上より，求める確率は

$$
\frac{1}{54} + \frac{1}{54} + \frac{2}{27} = \frac{6}{54} = {}^{\text{イ}}\frac{1}{9}
$$

◥APPROACH◤

　数列の表現がありますが，a_3，a_5，b_5 しか登場せず，(2)までは普通の反復試行の確率の問題です．

　(3)はやや難しいです．5回後のA，Bの得点の組 $(a_5$，$b_5)$ で場合分けして普通に解こうとするのは大変です．発想を転換しましょう．AとBが対等であることと(2)を利用します．

(1)　1回のじゃんけんで，A が勝つ確率は $\dfrac{3}{3^2}=\dfrac{1}{3}$，B が

勝つ確率も $\dfrac{1}{3}$，あいこになる確率は $\dfrac{3}{3^2}=\dfrac{1}{3}$ である．

　　3回のじゃんけんでAの得点がちょうど3点となるのは，A の3回の得点の組合せが

　　　$(0,\ 1,\ 2),\ (1,\ 1,\ 1)$

のいずれかになる場合である．

(i)　Aの3回の得点の組合せが $(0,\ 1,\ 2)$ のとき

　　<u>Aが勝つ，B が勝つ，あいこが1回ずつ</u>となる場合で，この確率は

$$3!\left(\frac{1}{3}\right)^1\left(\frac{1}{3}\right)^1\left(\frac{1}{3}\right)^1=6\left(\frac{1}{3}\right)^3=\underline{\frac{6}{27}}$$

(ii)　Aの3回の得点の組合せが $(1,\ 1,\ 1)$ のとき

　　3回ともあいことなる場合で，この確率は

$$\left(\frac{1}{3}\right)^3=\frac{1}{27}$$

以上より，求める確率は

$$\frac{6}{27}+\frac{1}{27}=\underline{\frac{7}{27}}$$

(2)　5回のじゃんけんでAの得点がちょうど5点となるのは，<u>A の5回の得点の組合せ</u>が

　　$(0,\ 0,\ 1,\ 2,\ 2),\ (0,\ 1,\ 1,\ 1,\ 2),\ (1,\ 1,\ 1,\ 1,\ 1)$

のいずれかになる場合である．

(i)　Aの5回の得点の組合せが $(0,\ 0,\ 1,\ 2,\ 2)$ のとき

　　<u>Aが2回勝ち，B が2回勝ち，あいこが1回</u>となる場合で，この確率は

$$\frac{5!}{2!\,2!}\left(\frac{1}{3}\right)^2\left(\frac{1}{3}\right)^2\left(\frac{1}{3}\right)^1=30\left(\frac{1}{3}\right)^5=\frac{30}{243}$$

Point
2人の手の出し方3^2通りのうち，A が勝つ手の出し方，あいこになる手の出し方はともに3通りです．

Point
2点を「A が勝つ」，1点を「あいこ」，0点を「B が勝つ」と読み換えます．

Point
先の計算を考えて，敢えて約分しない方がよいでしょう．

Point
0，1，2を全部で5つ使い，5を作ります．0の個数か2の個数で分けると安全です．

Point
3択の反復試行です．「A が勝つ」をA，「Bが勝つ」をB，「あいこ」をXと表すと，場合の数はA，A，B，B，Xを一列に並べる順列の数です．

(ii) Aの5回の得点の組合せが $(0, 1, 1, 1, 2)$ のとき

Aが1回勝ち，Bが1回勝ち，あいこが3回となる場合で，この確率は

$$\frac{5!}{3!}\left(\frac{1}{3}\right)^1\left(\frac{1}{3}\right)^1\left(\frac{1}{3}\right)^3=20\left(\frac{1}{3}\right)^5=\frac{20}{243}$$

(iii) Aの5回の得点の組合せが $(1, 1, 1, 1, 1)$ のとき

5回ともあいことなる場合で，この確率は

$$\left(\frac{1}{3}\right)^5=\frac{1}{243}$$

以上より，求める確率は

$$\frac{30}{243}+\frac{20}{243}+\frac{1}{243}=\frac{51}{243}=\frac{17}{81}$$

(3) $a_5 > b_5$，$a_5 = b_5$，$a_5 < b_5$ となる確率をそれぞれ

<u>p，q，r とおく</u>と

$$p+q+r=1 \quad \cdots\cdots①$$

であり，求める確率は $p+q$ である．

ここで，<u>AとBは対等である</u>から

$$p=r \quad \cdots\cdots②$$

また，1回のじゃんけんで，その結果によらず2人の合計得点は2だけ増えるから，5回目のじゃんけんを終えた後の2人の合計得点は10点である．よって，$a_5 = b_5$ となるのは，<u>$a_5 = b_5 = 5$ となるとき</u>で，この確率 q は(2)より

$$q=\frac{17}{81} \quad \cdots\cdots③$$

②，③を①に代入し

$$2p+\frac{17}{81}=1$$

$$2p=\frac{64}{81} \quad \therefore \quad p=\frac{32}{81}$$

求める確率は

$$p+q=\frac{32}{81}+\frac{17}{81}=\frac{49}{81}$$

Point
排反な事象に分けて確率を文字でおきます。確率の和は1です。

Point
じゃんけんに有利不利はありません。

Point
$a_5 = 5$ であれば自動的に $b_5 = 5$ となりますから，$a_5 = 5$ となる確率のみを考えます．

15 条件付き確率

29

さいころを2つ振る問題ですから，表を書くのが有効です．「確率」による公式 $P_A(B) = \dfrac{P(A \cap B)}{P(A)}$ を用いるまでもありません．表を用いて「場合の数」で式を立てましょう．

2つのさいころを区別し，それらの出る目を x，y とすると，2つの目の組 (x, y) は全部で 6^2 通り．

A が起こらないのは，両方とも奇数の目が出る場合であるから，A が起こる場合の数は

$$n(A) = 6^2 - 3^2 = 36 - 9 = 27$$

B が起こればAも起こることに注意する．$A \cap B$ が起こるのは，xy が 4 の倍数となるときである．(x, y) に対する xy の値は右の表のようになる．xy が 4 の倍数であるものに○を付けてある．この○の数を数え

$$n(A \cap B) = 1 + 3 + 1 + 6 + 1 + 3 = 15$$

よって

$$P_A(B) = \frac{n(A \cap B)}{n(A)} = \frac{15}{27} = \frac{5}{9}$$

Point
積が4の倍数であれば，少なくとも一方は偶数です．

x \ y	1	2	3	4	5	6
1	1	2	3	④	5	6
2	2	④	6	⑧	10	⑫
3	3	6	9	⑫	15	18
4	④	⑧	⑫	⑯	⑳	㉔
5	5	10	15	⑳	25	30
6	6	⑫	18	㉔	30	㊱

Point
1行ごとに数えて和をとると安全です．

x，y の少なくとも一方が偶数ということは，xy が偶数ということですから，$n(A)$ も表を用いて求められます．

行ごとに偶数の個数を数えて和をとると

$$n(A) = 3 + 6 + 3 + 6 + 3 + 6 = 27$$

です．

30

\\APPROACH/

(3)は，時間に逆行する条件付き確率です．(2)で必要な確率を計算します．事象を設定して「確率」による公式を用いましょう．

(1) 第1グループの3人の組合せは

$$_{12}C_3 = \frac{12 \cdot 11 \cdot 10}{3 \cdot 2} = 220 \,(\text{通り})$$

このうち男子の数が0人であるのは，女子が3人選ばれる場合で，この確率は

$$\frac{_5C_3}{220} = \frac{10}{220} = {}^{\mathcal{P}}\frac{1}{22}$$

Point
選ばれる女子の人数も考えましょう．

男子の数が1人であるのは，男子が1人，女子が2人選ばれる場合で，この確率は

$$\frac{_7C_1 \cdot _5C_2}{220} = \frac{7 \cdot 10}{220} = {}^{\mathcal{I}}\frac{7}{22}$$

男子の数が2人であるのは，男子が2人，女子が1人選ばれる場合で，この確率は

$$\frac{_7C_2 \cdot _5C_1}{220} = \frac{21 \cdot 5}{220} = {}^{\mathcal{D}}\frac{21}{44}$$

男子の数が3人である確率は

$$\frac{_7C_3}{220} = \frac{\frac{7 \cdot 6 \cdot 5}{3 \cdot 2}}{220} = \frac{35}{220} = {}^{\mathcal{I}}\frac{7}{44}$$

Point
4つの確率の和が1であることを確認しておくと安心です．

(2) 第1グループも第2グループも男子の数が1人であるのは，第1グループの男子の数が1人で，残った男子6人，女子3人の中から，男子1人，女子2人を選んで第2グループを作る場合である．第1グループの男子の数が1人である確率は，(1)より $\frac{7}{22}$ であるから，求める確率は

Point
第1グループを作った後の残りの男女の人数を確認しておきます．

$$\frac{7}{22} \cdot \frac{_6C_1 \cdot _3C_2}{_9C_3} = \frac{7}{22} \cdot \frac{6 \cdot 3}{\frac{9 \cdot 8 \cdot 7}{3 \cdot 2}} = \frac{7}{22} \cdot \frac{6 \cdot 3}{84} = \frac{7}{22} \cdot \frac{3}{14} = {}^{\mathcal{I}}\frac{3}{44}$$

第2グループの男子の数が1人であるのは

(i) 第1グループの男子の数が0人で，残った男子7人，女子2人の中から，男子1人，女子2人を選んで第2グループを作る

(ii) 第1グループの男子の数が1人で，残った男子6人，女子3人の中から，

男子1人，女子2人を選んで第2グループを作る

(iii)　第1グループの男子の数が2人で，残った男子5人，女子4人の中から，男子1人，女子2人を選んで第2グループを作る

(iv)　第1グループの男子の数が3人で，残った男子4人，女子5人の中から，男子1人，女子2人を選んで第2グループを作る

のいずれかである．(1)と上の結果を用いると，求める確率は

$$\frac{1}{22}\cdot\frac{{}_7C_1\cdot{}_2C_2}{{}_9C_3}+\frac{3}{44}+\frac{21}{44}\cdot\frac{{}_5C_1\cdot{}_4C_2}{{}_9C_3}+\frac{7}{44}\cdot\frac{{}_4C_1\cdot{}_5C_2}{{}_9C_3}$$

$$=\frac{1}{22}\cdot\frac{7}{84}+\frac{3}{44}+\frac{21}{44}\cdot\frac{5\cdot6}{84}+\frac{7}{44}\cdot\frac{4\cdot10}{84}$$

$$=\frac{1}{22}\cdot\frac{1}{12}+\frac{3}{44}+\frac{21}{44}\cdot\frac{5}{14}+\frac{7}{44}\cdot\frac{10}{21}$$

$$=\frac{1}{22\cdot12}+\frac{3}{22\cdot2}+\frac{15}{22\cdot4}+\frac{5}{22\cdot3}$$

$$=\frac{1+18+45+20}{22\cdot12}=\frac{84}{22\cdot12}={}^{カ}\frac{7}{22}$$

Point
分母を最後まで計算せず，共通の因数22をくくり出しておくと，少し計算が楽です．

別解　第2グループに選ばれる3人のみに着目する．

その組合せは ${}_{12}C_3=220$ 通りあり，そのどれもが同様に確からしい．このうち男子1人，女子2人が選ばれるのは ${}_7C_1\cdot{}_5C_2=70$ 通りであるから，求める確率は

$$\frac{70}{220}={}^{カ}\frac{7}{22}$$

Point
16 全事象のとり方を工夫する（▶本冊 P.75）方法です．
(P.41 JUMP UP!)

(3)　第2グループの男子の数が1人であるという事象をA，第1グループの男子の数が1人であるという事象をBとすると，(2)より

$$P(A)=\frac{7}{22},\quad P(A\cap B)=\frac{3}{44}$$

であるから，求める確率は

$$P_A(B)=\frac{P(A\cap B)}{P(A)}=\frac{\dfrac{3}{44}}{\dfrac{7}{22}}={}^{キ}\frac{3}{14}$$

JUMP UP!

第1グループの男子の数が1人である確率と，第2グループの男子の数が1人である確率は同じです．くじ引きの確率（▶本冊 P.76）と同様に考えてみてください．理解を深めるために，ここでは少し説明を変えてみましょう．

7人の男子を A，B，C，D，E，F，G とし，5人の女子を H，I，J，K，

I. とします．まず，第1グループに入る3人を無作為に選び，次に残りの9人から第2グループに入る3人を無作為に選ぶのですが，これを，12人を無作為に一列に並べ，左端から順に3人を第1グループ，次の3人を第2グループとすると考えます．無作為に並べていますから，各グループにどの3人が選ばれるかは同様に確からしいです．例えば

$$\underbrace{\text{A, K, D,}}_{\text{第1グループ}} \quad \underbrace{\text{G, L, H,}}_{\text{第2グループ}} \quad \text{B, F, E, J, C, I}$$

のような順列であれば，第1グループは A，K，D，第2グループは G，L，H となります．今回は第2グループが対象ですから，順列の左から 4，5，6番目のみに着目します．ここがポイントです．第1グループは左から 1，2，3番目です．どこに着目するかが違うだけで，結果は変わりません．

この3人の選び方は，順序を区別してもしなくてもどちらでも構いません．区別しなければ，12人から3人選ぶ組合せを考えて，$_{12}C_3$ 通りです．上で述べたとおり，これらはすべて同様に確からしいです．このうち男子1人，女子2人となるのは，男子 A，B，C，D，E，F，G から1人，女子 H，I，J，K，L から2人選ぶ組合せを考えて，$_7C_1 \cdot _5C_2$ 通りです．よって，求める確率は

$$\frac{_7C_1 \cdot _5C_2}{_{12}C_3}$$

です．なお，3人を選ぶ順序を区別すると

$$\frac{_7C_1 \cdot _5C_2 \cdot 3!}{12 \cdot 11 \cdot 10}$$

となります．

16 全事象のとり方を工夫する

31

＼APPROACH／

　確率をかけていく方法でもよいですが，$\dfrac{(\text{場合の数})}{(\text{全事象})}$ の方法で求めるのが明快です．(1)では，操作を5回でやめても，15回まで続けても，確率は変わりませんから，15個の球をすべて取り出すと考えます．

　また，すべての球を区別するよりは，同じ色の球を区別しない方が簡単です．「模様の作り方を全事象にとる」方法で解いてみましょう．

(1)　赤球同士，白球同士を区別しないで考える.

　15個の球を1個ずつすべて取り出していくとき，何回目に赤球を取り出すかは $_{15}C_3$ 通りあり，そのどれもが同様に確からしい.

> **Point**
> 15個の球すべての取り出し方を考え，赤白の模様の作り方を全事象にとります.

　このうち題意を満たすのは，5回目に2個目の赤球が取り出される場合である．これは，1～4回目，5回目，6～15回目に1個ずつ赤球を取り出す場合で，その取り出し方は $_4C_1 \cdot _{10}C_1$ 通り.

　求める確率は

$$\frac{_4C_1 \cdot _{10}C_1}{_{15}C_3} = \frac{4 \cdot 10}{\dfrac{15 \cdot 14 \cdot 13}{3 \cdot 2}} = \frac{4 \cdot 10}{5 \cdot 7 \cdot 13} = \frac{8}{91}$$

別解1　すべての球を区別して考える.

　最初の4回中1回だけ赤球を取り出し，かつ5回目に赤球を取り出す場合である．最初の赤球が何回目に出るかで場合分けする.

> **Point**
> 5回の球の取り出し方のみを考え，「確率を順番にかけていく」方法で求めます．すべての球を区別しないと「同様に確からしい」という前提が崩れます.

　最初の赤球が1回目に出るときの確率は

$$\frac{3}{15} \cdot \frac{12}{14} \cdot \frac{11}{13} \cdot \frac{10}{12} \cdot \frac{2}{11} \quad \cdots\cdots ①$$

　2回目に出るときの確率は

$$\frac{12}{15} \cdot \frac{3}{14} \cdot \frac{11}{13} \cdot \frac{10}{12} \cdot \frac{2}{11}$$

　3回目に出るときの確率は

$$\frac{12}{15}\cdot\frac{11}{14}\cdot\frac{3}{13}\cdot\frac{10}{12}\cdot\frac{2}{11}$$

4 回目に出るときの確率は

$$\frac{12}{15}\cdot\frac{11}{14}\cdot\frac{10}{13}\cdot\frac{3}{12}\cdot\frac{2}{11}$$

これら4つの確率は分子の順序が異なるだけで，結果は同じである．よって，求める確率は，①を4倍したもので

Point
4つの確率はまとめて計算できます．

$$\frac{3}{15}\cdot\frac{12}{14}\cdot\frac{11}{13}\cdot\frac{10}{12}\cdot\frac{2}{11}\cdot 4=\frac{3\cdot 10\cdot 2\cdot 4}{15\cdot 14\cdot 13}=\frac{8}{91}$$

別解2 すべての球を区別して考える．

最初の4個を同時に取り出すと考える．その4個のうち1個だけが赤球で，かつ次に赤球を取り出す確率であるから

Point
1個ずつ順番に4個取り出しても，4個まとめて取り出しても，確率は変わりません．

$$\frac{{}_3C_1\cdot{}_{12}C_3}{{}_{15}C_4}\cdot\frac{2}{11}=\frac{3\cdot\dfrac{12\cdot 11\cdot 10}{3\cdot 2}}{\dfrac{15\cdot 14\cdot 13\cdot 12}{4\cdot 3\cdot 2}}\cdot\frac{2}{11}=\frac{3\cdot 2\cdot 11\cdot 10}{15\cdot 7\cdot 13}\cdot\frac{2}{11}=\frac{44}{91}\cdot\frac{2}{11}=\frac{8}{91}$$

(2) $n=1$ のとき，求める確率は0である．

$n\geqq 2$ のとき，(1)と同様に，求める確率は

Point
$n=1$ の場合は起こりえませんから，除外しておきます．

$$\frac{{}_{n-1}C_1\cdot{}_{15-n}C_1}{{}_{15}C_3}=\frac{(n-1)(15-n)}{\dfrac{15\cdot 14\cdot 13}{3\cdot 2}}$$

$$=\frac{(n-1)(15-n)}{455}$$

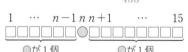

○…赤球
○が1個　○が1個

この結果は $n=1$ のときも成り立つ．

別解1 $n\geqq 2$ のとき，(1)の **別解1** と同様に，最初の赤球が何回目に出るかを考えると，求める確率は

Point
$15-(n-1)$ 個の球から赤球2個のどちらかを取り出す確率は $\dfrac{2}{16-n}$ です．

$$\frac{3}{15}\cdot\frac{12}{14}\cdot\frac{11}{13}\cdot\cdots\cdot\frac{15-n}{17-n}\cdot\frac{2}{16-n}\cdot(n-1)$$

$$=\frac{3\cdot(15-n)\cdot 2\cdot(n-1)}{15\cdot 14\cdot 13}$$

$$=\frac{(n-1)(15-n)}{455}$$

Point
$(n-1)$ 通りの確率をまとめて計算します．

この結果は $n=1$ のときも成り立つ．

別解2 $n\geqq 2$ のとき，(1)の **別解2** と同様に，最初の $(n-1)$ 個を同時に取り出

すと考えて，求める確率は

$$\frac{_3C_1 \cdot {}_{12}C_{n-2}}{_{15}C_{n-1}} \cdot \frac{2}{16-n}$$

$$= 3 \cdot \frac{12!}{(n-2)!(14-n)!} \cdot \frac{(n-1)!(16-n)!}{15!} \cdot \frac{2}{16-n}$$

$$= \frac{3 \cdot 2(n-1)(15-n)}{15 \cdot 14 \cdot 13} = \frac{(n-1)(15-n)}{455}$$

> **Point**
> $_nC_r = \dfrac{n!}{r!(n-r)!}$
> を用いて計算します．

この結果は $n=1$ のときも成り立つ．

(3)　余事象を考える．

　赤球の取り出し方 $_{15}C_3$ 通りのうち，赤球が続けて2個以上取り出されないのは，12個の白球を先に並べ，その間と両端の計13カ所に3個の赤球を入れると考えて $_{13}C_3$ 通り．

> **Point**
> 赤球同士が隣り合わないとみなします．隣り合わない条件がある順列の数え方（▶本冊 P.23）を使います．

∨○∨○∨○∨○∨○∨○∨○∨○∨○∨○∨○∨　　●, ●, ●

求める確率は

$$1 - \frac{_{13}C_3}{_{15}C_3} = 1 - \frac{\dfrac{13 \cdot 12 \cdot 11}{3 \cdot 2}}{\dfrac{15 \cdot 14 \cdot 13}{3 \cdot 2}} = 1 - \frac{13 \cdot 12 \cdot 11}{15 \cdot 14 \cdot 13} = 1 - \frac{22}{35} = \frac{13}{35}$$

(32)

> **APPROACH**
>
> 　優勝者が最初から決まっているという，全く盛り上がらないトーナメントです😊　ただし，準決勝に上位4人が残るとは限りませんから，問題は成立しています．
> 　具体的に5番目に身長が高い人がどのように勝ち上がっていくかをすべて想像するのは大変です．題意をシンプルにとらえましょう．トーナメントを4つのブロックに分けて，5番目に身長が高い人が，そのブロックで勝ち残る条件を考えます．同じブロックに入る3人のみに着目しましょう．

　準決勝に進出するということは，1回戦，2回戦を勝ち抜くということである．そこで，図1のように，2回戦までに対戦する可能性のある4人をまとめて「ブロック」と呼ぶことにする．準決勝に進出する条件は，各ブ

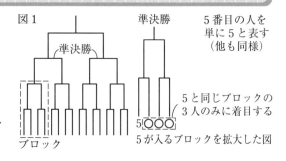

図1　準決勝　準決勝

5番目の人を単に5と表す（他も同様）

5と同じブロックの3人のみに着目する

ブロック

5が入るブロックを拡大した図

ロックで勝ち残ることである.

16 人の参加者に, 身長の高い順に 1, 2, …, 16 と番号を付ける. 5番目の人がブロック内で最も身長が高くなる確率を求める.

5番目の人と同じブロックに入る 3 人の組合せは $_{15}C_3$ 通り. このうち, 5番目の人がブロック内で最も身長が高くなるのは, 6〜16 番目の 11 人の中から 3 人選ばれる場合である. その 3 人の組合せは $_{11}C_3$ 通りであるから, 求める確率は

$$\frac{_{11}C_3}{_{15}C_3} = \frac{\dfrac{11 \cdot 10 \cdot 9}{3 \cdot 2}}{\dfrac{15 \cdot 14 \cdot 13}{3 \cdot 2}} = \frac{11 \cdot 10 \cdot 9}{15 \cdot 14 \cdot 13} = \frac{33}{91}$$

Point
5番目の人が入るブロックのみで考えます.
(P. 49 **JUMP UP!** 1)

Point
組合せでなく, 順列を考えても構いません.

第3章 確率（応用編）

JUMP UP!

1 まず, 誰も入っていない状態で 5 番目の人が入るブロックを決めます. ブロックは 4 つありますが, 誰も入っていない状態であれば, どこに入っても状況は変わりませんから, この選び方に制限は付きません. もちろん, 5 番目の人がブロック内の 4 カ所のどこに入っても状況は同じです. ここではブロック内で左端に入るとしておきましょう.

重要なのはこの後です. 5 番目の人と同じブロックにどの 3 人が入るかが問題です. 具体例を考えるとよいでしょう. 例えば, 2, 13, 6 番目の人が入るとすると, このブロックでは 2 番目の人が最

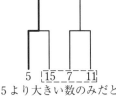

図 2

5 より小さい数が入ると 5 は勝ち残れない

5 より大きい数のみだと 5 は勝ち残れる

も身長が高いですから, どのような対戦順でも 2 番目の人が勝ち残ります. 一方, 15, 7, 11 番目の人が入るとすると, このブロックでは 5 番目の人が最も身長が高く, 5 番目の人が勝ち残ります.

結局, 5 番目の人の入るブロックには, 5 番目の人より身長が低い人しか入ってはいけません. つまり, 6〜16 番目の 11 人の中から 3 人選ぶことになります.

なお, 残りの 12 人についてはどのような対戦になっても構いません. 考える必要はないのです.

2 今回のように，トーナメントの問題では，全体ではなく一部に着目して考えるのが有効です．特に全員が対等な力関係にあるトーナメントの問題は，どのように勝ち上がるかを敢えて考えないのがコツです．

　　例えば，A，Bの2人を含む16人によるトーナメントで，どの対戦でも一方が勝つ確率は $\dfrac{1}{2}$ であるとします．このとき，Aが優勝する確率はどうなるでしょうか．これは明らかに $\dfrac{1}{16}$ です．16人が対等ですから，誰が優勝する確率もすべて同じです．では，AとBが決勝戦で対戦する確率はどうでしょうか．決勝戦に進出する2人の組合せは ${}_{16}C_2$ 通りあり，そのどれもが同様に確からしいです．このうちAとBが決勝に進出するのは1通りですから，この確率は $\dfrac{1}{{}_{16}C_2}=\dfrac{1}{120}$ です．同様に，AとBがどこかで対戦する確率は，この確率の15倍で，$\dfrac{1}{120}\cdot15=\dfrac{1}{8}$ です．全部で15試合あり，すべて排反だからです．なお，16人によるトーナメントでは，優勝者以外の15人の敗者が生まれ，1試合ごとに1人敗者が生まれますから，総試合数は15です．

17　事象をまとめる

33

APPROACH

　p_2 は適する2回の取り出し方をすべて数え上げても求められますが，p_n の求め方につながるように考えるとよいでしょう．1回目に3以外のカードを取り出し，2回目にどのカードを取り出すべきかを考えます．
　p_n は p_2 の求め方を応用して，確率の積で求めます．

(1)　p_1 は1回目に3のカードを取り出す確率で $p_1=\dfrac{1}{5}$ である．

　p_2 は1回目に3以外のカードを取り出し，2回目に，1回目の数との和が3の倍数となるカードを取り出す確率である．詳しく書くと

(i)　1回目に1か4のカードを取り出し（3で割った余りが1），2回目に2か5のカードを取り出す

(ii)　1回目に2か5のカードを取り出し（3で割った余りが2），2回目に1か4のカードを取り出す

のいずれかである．よって，1回目に3以外のカードを取り出し，そのカードに書かれた数によらず2回目に確率 $\dfrac{2}{5}$ で和は3の倍数になるから

$$p_2 = \dfrac{4}{5} \cdot \dfrac{2}{5} = \dfrac{8}{25}$$

Point
2回目に取り出すべき「数」は違いますが，「確率」は同じです．

(2) (1)と同様に，それまでに取り出したカードに書かれた数の和が3の倍数でないとき，次の操作で和が3の倍数になるカードは2通りあり，和が3の倍数にならないカードは3通りある．

$n \geqq 3$ のとき，ちょうど n 回目で終了するのは，1回目に3以外のカードを取り出し，$2 \sim (n-1)$ 回目は和が3の倍数にならないようなカード (各3通り) を取り出し，n 回目に和が3の倍数になるようなカード (2通り) を取り出す場合である．よって

$$p_n = \dfrac{4}{5}\left(\dfrac{3}{5}\right)^{n-2} \cdot \dfrac{2}{5} = \dfrac{8}{25}\left(\dfrac{3}{5}\right)^{n-2}$$

Point
和が3の倍数でないとき，次のカードでどうなるかをまとめておきます．
(P.51 JUMP UP! **1**)

Point
n 回後を直接考えます．
(P.51 JUMP UP! **2**)

第3章　確率（応用編）

JUMP UP!

1 和が3の倍数でないとき，その数によらず，次に終了する確率は $\dfrac{2}{5}$，終了しない確率は $\dfrac{3}{5}$ であるということです．確率 $\dfrac{2}{5}$ で当たり，確率 $\dfrac{3}{5}$ ではずれのくじを想像しましょう．

2 n 回後の確率です．漸化式を立てるかどうか (▶本冊 P.97) の判断が必要な問題です．過去の私も含め，このような問題で漸化式を立てる人が多いですが，それは大げさです．漸化式が必要になるような難しい問題ではありません．直接 n 回後が考えられるからです．

和が3の倍数を当たり (○)，3の倍数以外をはずれ (×) とみなしましょう．1回目だけ確率 $\dfrac{4}{5}$ ではずれ，2回目以降は確率 $\dfrac{3}{5}$ ではずれるのを繰り返して $(n-1)$ 回目まではずれ，次の n 回目に当たります．

回数：0　　　1　　　2　　　　　$n-1$　　　n

和　：$0 \xrightarrow{\frac{4}{5}} \times \xrightarrow{\frac{3}{5}} \times \xrightarrow{\frac{3}{5}} \cdots \xrightarrow{\frac{3}{5}} \times \xrightarrow{\frac{2}{5}} \bigcirc$

のイメージです．求める確率は，矢印の上にのっている確率の積で

$$p_n = \dfrac{4}{5}\left(\dfrac{3}{5}\right)^{n-2} \cdot \dfrac{2}{5}$$

です．$\dfrac{3}{5}$ をかける回数に注意してください．$2 \sim n-1$ に含まれる自然数，

すなわち $(n-1)-1=(n-2)$ 回かけます．

　なお，説明は省略しますが，漸化式を立てると，$n \geqq 1$ のとき

$$p_{n+1}=(1-p_1-p_2-\cdots-p_n)\cdot\dfrac{2}{5}$$

です．p_n はちょうど n 回で終了する確率ですから

$$p_{n+1}=(1-p_n)\cdot\dfrac{2}{5}$$

ではないことに注意しましょう．ずらして引けば解けますが，面倒です．

18　樹形図を利用する

34

⟪APPROACH⟫

　赤玉を取り出しても白玉を取り出しても，P の x 座標と y 座標の和は 1 増えますから，赤玉と白玉はまとめて扱えます．結局，P の x 座標と y 座標の和は，試行を 1 回行うごとに 1 増えるか 1 減るかのどちらかです．その変化を樹形図を描いてとらえましょう．

　P の x 座標と y 座標の和を t とおく．最初 $t=2$ である．

　1 回の試行で，白玉または赤玉を取り出すと t は 1 増え $\left(\text{確率は } \dfrac{3}{4}\right)$，青玉を取り出すと t は 1 減る $\left(\text{確率は } \dfrac{1}{4}\right)$．

Point
文字でおくと答案が書きやすいです．

　そこで，4 回後までの t の変化を樹形図で表すと，図1 のようになる．硬貨がもらえるときを黒丸で表しており，$(1, 3)$，$(2, 0)$，$(3, 3)$，$(4, 0)$ の 4 つある．ただし，この座標は P の座標ではなく，樹形図上の点の座標である．以下同様とする．

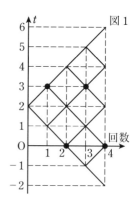
図1

　1 回の試行で t が 1 増えることを↗，1 減ることを↘で表すことにすると，↗が起こる確率は $\dfrac{3}{4}$，↘が起こる確率は $\dfrac{1}{4}$ である．

　3 回目の試行で初めて硬貨をもらうのは，2 回目までに硬貨をもらわず，3 回目に硬貨をもらう場合であるから，

(1, 3) を経由せずに (3, 3) に至る場合である．よって，↘↗↗となる場合であり，この確率は

$$\frac{1}{4}\cdot\frac{3}{4}\cdot\frac{3}{4}=\overset{\text{ア}}{}\frac{9}{64}$$

Point
適するパターンを図1
から読み取ります．
(P.53 JUMP UP! 1)

4回目の試行で硬貨をもらい，かつ，もらう硬貨の総数が2枚となるのは，3回目までに硬貨をちょうど1枚もらい，4回目に硬貨をもらう場合であるから

(i) (1, 3) を経由して (4, 0) に至る

(ii) (2, 0) を経由して (4, 0) に至る

Point
複数のパターンがある
ことに注意しましょう．
(P.53 JUMP UP! 2)

のいずれかである．よって

↗↘↘↘　または　↘↘↗↘　または　↘↘↘↗

となる場合であり，これら3つの確率はいずれも $\dfrac{3}{4}\left(\dfrac{1}{4}\right)^3$

であることに注意すると，求める確率は

Point
かける順序が異なるだ
けです．

$$\frac{3}{4}\left(\frac{1}{4}\right)^3\cdot3=\overset{\text{イ}}{}\frac{9}{256}$$

第3章 確率（応用編）

JUMP UP!

1 3回目の試行で初めて硬貨をもらうのは，(1, 3)，(2, 0) は経由せず，(3, 3) に至るときです．
ただし，(2, 0) を経由して (3, 3) に至ることはありませんから，(2, 0) については考えなくてもよいです．
　最初 (0, 2) から始まり，(1, 3) を経由しませんから，1回目は↗は不適で，↘です．(1, 1) に移りますから，その後は↗↗で (3, 3) に至ります．結果，図2のような経路をたどります．

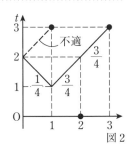

図2

2 4回目の試行で硬貨をもらい，かつ，もらう硬貨の総数が2枚となるのは，(1, 3)，(2, 0)，(3, 3) のいずれか1つのみを経由して，(4, 0) に至る場合です．ただし，(3, 3) を経由して (4, 0) に至ることはありません．経由するのは (1, 3)，(2, 0) のいずれか一方のみです．

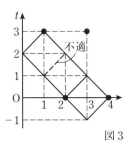

図3

　適する経路を抜き出してみると，図3のようになります．念のため，(1, 3)，(2, 0) のどちらも経由しない不適な (1, 1) → (2, 2) を点線で残しておきました．適するのは

↗↘↘↘　または　↘↘↗↘　または　↘↘↘↗

の3つです.

35

\APPROACH/

　1回ごとに1段上がるか1段下がるかのどちらかですから，典型的なランダムウォークの問題です．樹形図を描いて，題意を満たす移動の仕方をとらえましょう．(4)は(3)の一般化です．(3)と同様に考えられます．

(1)　3回連続で上の段に移動する場合である．最初は必ず上の段に上がることに注意すると，求める確率は

$$1 \cdot \frac{1}{2} \cdot \frac{1}{2} = {}^{\text{ア}}\frac{1}{4}$$

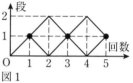

図1

(2)　横軸に回数，縦軸に段をとって，段の変化を樹形図で表すとき，図1のようになる場合である．最初に第1段に移動し，2回ごとに第1段に移動して5回後に第1段にいる．

　第1段にいるとき，その2回後に再び第1段にいるのは，段の数が $1 \to 0 \to 1$ または $1 \to 2 \to 1$ となるように移動する場合（図2）で，この確率は

$$\frac{1}{2} \cdot 1 + \frac{1}{2} \cdot \frac{1}{2} = \frac{3}{4}$$

よって，求める確率は

$$1 \cdot \frac{3}{4} \cdot \frac{3}{4} = {}^{\text{イ}}\frac{9}{16}$$

Point

図1の黒丸に着目しましょう．2回ごとに1を繰り返します．
(P.55 **JUMP UP!** **1**)

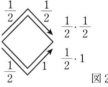

図2

(3)　(2)の事象が起こり5回後に第1段にいて，さらにその後2回続けて上の段に移動する場合（図3）である．求める確率は

$$\frac{9}{16} \cdot \frac{1}{2} \cdot \frac{1}{2} = {}^{\text{ウ}}\frac{9}{64}$$

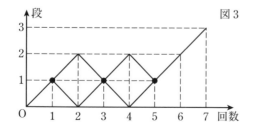

Point

図1に6回目，7回目を追加します．7回後に3にいますから，右上に伸ばしていくしかありません．

(4) 最初に第1段に移動し，2回ごとに第1段に移動して
(2n−1) 回後に第1段にいて，さらにその後2回続けて
上の段に移動する場合である．求める確率は

$$1 \cdot \left(\frac{3}{4}\right)^{n-1} \cdot \frac{1}{2} \cdot \frac{1}{2} \overset{\text{エ}}{=} \frac{1}{4}\left(\frac{3}{4}\right)^{n-1}$$

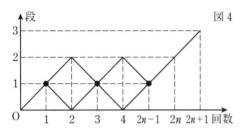

図4

Point

2回ごとに1→1となりますから，その回数をとらえます．
(P.55 JUMP UP! 2)

Point

図3とほぼ同じです．
7が 2n+1 になりますから，6，5をそれぞれ 2n，2n−1 に変えます．1のすぐ後に 2n−1 がくるのは気にしなくてもよいです．

第3章　確率（応用編）

JUMP UP!

1 1回ごとの変化を追っても解けますが，奇数回後（図1の黒丸）のみに着目するのが簡単です．

回数：0 　　1 　　3 　　5

段 ：$0 \xrightarrow{1} 1 \xrightarrow{\frac{3}{4}} 1 \xrightarrow{\frac{3}{4}} 1$

のイメージです．求める確率は，矢印の上にのっている確率の積です．

2 やはり奇数回後に着目して (2n−1) 回後までとらえ，その後2回で第3段に移動します．

回数：0 　　1 　　3 　　　　2n−1 　　2n 　　2n+1

段 ：$0 \xrightarrow{1} 1 \xrightarrow{\frac{3}{4}} 1 \xrightarrow{\frac{3}{4}} \cdots \xrightarrow{\frac{3}{4}} 1 \xrightarrow{\frac{1}{2}} 2 \xrightarrow{\frac{1}{2}} 3$

のイメージです．問題は 1→1 の確率 $\frac{3}{4}$ をかける回数です．1回後から (2n−1) 回後まで2回単位で 1→1 を繰り返しますから，その回数は

$$\frac{(2n-1)-1}{2} = n-1$$

です．試行回数の変化量を2で割るだけです．よって，確率 $\frac{3}{4}$ を (n−1) 回かけます．

36

\APPROACH/

　(1)は10回のうち表が何回出るべきかを考え，反復試行の確率の公式を使います．(2)において，S はそのまま考えればよいですが，T については余事象が有効です．樹形図を描いて場合の数を数えましょう．

(1)　10回中，表が x 回，裏が $(10-x)$ 回出るとすると，

　　P は反時計回りに $x-(10-x)=2x-10$ だけ移動する．

　　頂点は8個あるから，P が A から移動を始めて，10回後に再び A にある条件は，反時計回りに8の倍数（ただし絶対値が10以下），すなわち -8, 0, 8 だけ移動することであり

　　　　　　$2x-10=-8$, 0, 8　　$\therefore$　$x=1$, 5, 9

　　よって，S が起こる場合の数は，表が1回，または5回，または9回出る場合の数であり

$$n(S)={}_{10}\mathrm{C}_1+{}_{10}\mathrm{C}_5+{}_{10}\mathrm{C}_9$$

$$=10+\frac{10\cdot9\cdot8\cdot7\cdot6}{5\cdot4\cdot3\cdot2}+10$$

$$=10+252+10$$

$$=272\,(通り)$$

　　求める確率は，反復試行の確率の公式を用いて

$$P(S)=272\left(\frac{1}{2}\right)^{10}=\frac{17}{2^6}=\frac{17}{64}$$

Point

表が出る回数を文字でおき，方程式を立てて解きます．1, 5, 9回以外にない根拠になります．

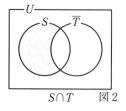
図1

(2)　全事象を U とする．

　　T よりも余事象 $\overline{T}$ の方が考えやすいため，$S\cap\overline{T}$ について考える．

　　$S\cap\overline{T}$ は P が F に移動することなく10回後に A に到達するという事象である．場合の数 $n(S\cap\overline{T})$ を求めるために，横軸に試行回数，縦軸に P の位置をとった樹形図を描く．

　　P は1回ごとに隣接する2つの頂点のいずれかに移動するから，樹形図では右上または右下のどちらかに動く．$S\cap\overline{T}$ が起こるのは次のページの図3のようになる場合である．

U

S　$\overline{T}$

$S\cap\overline{T}$　図2

Point

T をメインにベン図を描きます．

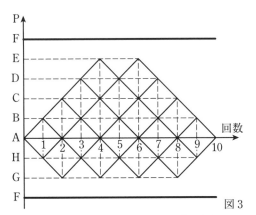

図3

樹形図の各点に至る場合の数を図に書き込んでいくと，図4のようになる．

Point
最短経路を直接数える
方法（▶本冊 P.32）と
同様です．

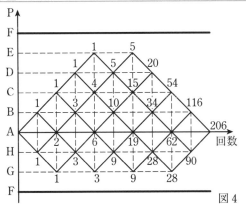

図4

よって
$$n(S \cap \overline{T}) = 206$$
である．一方，(1)より $n(S) = 272$ であるから
$$n(S \cap T) = n(S) - n(S \cap \overline{T}) = 272 - 206 = 66$$
ゆえに，求める確率は
$$P(S \cap T) = 66\left(\frac{1}{2}\right)^{10} = \frac{33}{2^9} = \frac{33}{512}$$

Point
図2のベン図において
◖=◯−◗
のイメージです．

第3章 確率（応用編）

19　ベン図を利用する

37

APPROACH

25（▶P.34）の類題ですが，(3)が応用問題です．ベン図を利用します．おおまかにとらえておいてから例外を除く方法で考えましょう．

(1)　4個のサイコロの目の出方は 6^4 通り．このうち，4個とも4以下の目が出るのは 4^4 通りであるから，求める確率は

$$\frac{4^4}{6^4}=\frac{2^4}{3^4}=\frac{16}{81}$$

Point
反復試行の確率ととらえて $\left(\frac{4}{6}\right)^4$ としてもよいです．
(P.59 JUMP UP! **1**)

(2)　最大値が4であるのは，最大値が4以下となる場合の数から，最大値が3以下となる場合の数を引いて

$$4^4-3^4=256-81=175（通り）$$

求める確率は

$$\frac{175}{6^4}=\frac{175}{1296}$$

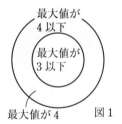

図1

(3)　最大値が4で最小値が2であるのは，2～4の目のみ出て，かつ2の目と4の目が少なくとも1個ずつ出る場合である．

　　2～4の目のみ出るのは 3^4 通り．このうち2の目が出ないのは，3，4の目のみ出る場合で 2^4 通り．4の目が出ないのは，2，3の目のみ出る場合で 2^4 通り．2と4の目が出ないのは，3の目のみ出る場合で 1^4 通り．

　　よって，最大値が4で最小値が2であるのは

$$3^4-(2^4+2^4-1^4)=81-(16+16-1)$$
$$=81-31=50（通り）$$

図2

求める確率は

$$\frac{50}{6^4}=\frac{25}{648}$$

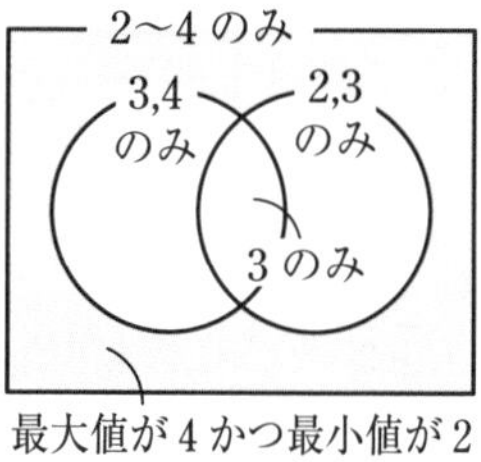

Point
ベン図を利用して立式します．
(P.59 JUMP UP! **2**)

1 サイコロを複数個もしくは複数回振る問題は、$\dfrac{(場合の数)}{(全事象)}$ の方法で求めるか、反復試行の確率ととらえて確率の積で求めるか、の2つの方法がありますが、基本的には好みの問題です。(1)のような単純な問題であれば、どちらでも大して変わりません。強いて言うなら、ベン図を使うなどして、確率をたしたり引いたりするのであれば、あらかじめ場合の数だけを計算しておいて、最後に全事象の数で割る方が効率がよいでしょう。

2 最大値が4で最小値が2であるとき、1、5、6の目は出ず、2、3、4の目のみ出ます。そこで、2、3、4の目のみ出る場合の数を考え、3^4 通りとなりますが、この中には不適な場合が含まれています。それは2の目が出ない場合と4の目が出ない場合です。これらの場合の数を引きますが、単純に2つの場合の数を引いてはいけません。<u>2つの事象は排反ではない</u>からです。同時に起こる場合がありますから、その分の調整をします。◎＝○＋○−○のイメージです。2の目が出ないという事象を A、4の目が出ないという事象を B とすると、場合の数は

$$3^4 - n(A \cup B) = 3^4 - \{n(A) + n(B) - n(A \cap B)\}$$

です。

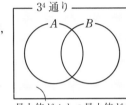

最大値が4かつ最小値が2
図3

38

/APPROACH/

　同じ色同士は区別しなくて結構です。また、**4** 隣り合う、隣り合わない（▶本冊 P.22）で扱った手法が有効です。(3)では、黒石がちょうど4個連続するか、白石がちょうど4個連続するかの2つの事象を扱います。これらは排反ではありませんから、ベン図の考え方を利用しましょう。

(1) <u>黒石同士、白石同士を区別しないで考える</u>。10個の石の順列は

$$_{10}C_5 = \frac{10 \cdot 9 \cdot 8 \cdot 7 \cdot 6}{5 \cdot 4 \cdot 3 \cdot 2} = 3 \cdot 2 \cdot 7 \cdot 6 = 252 \,（通り）$$

Point
黒白の模様の作り方を全事象にとります。

　このうち、黒石が5個連続して並ぶのは、5個の黒石をまとめて1個の石とみなし、それと5個の白石の順列を考えて、$_6C_1 = 6$ 通り。

●●●●●, ○, ○, ○, ○, ○

Point
2択の同じものを含む順列（▶本冊 P.29）です。$_nC_r$ を使います。

よって，求める確率は

$$\frac{6}{252} = {}^{ア}\frac{1}{42}$$

(2) 黒石が4個連続して並ぶとき，黒石4個をまとめて1個の石とみなし，大黒石と呼ぶことにする．黒石は5個連続しないから，大黒石と残り1個の黒石は隣り合わないことに注意する．

　そこで，5個の白石を先に並べ，その間と両端の計6カ所に大黒石と黒石を入れると考える．大黒石と黒石には区別があるから，それらの入れ方は $6 \cdot 5 = 30$ 通り．

　求める確率は

$$\frac{30}{252} = {}^{イ}\frac{5}{42}$$

(3) 黒石が4個連続して並び，かつ黒石も白石も5個は連続しないという事象をA，白石が4個連続して並び，かつ黒石も白石も5個は連続しないという事象をBとすると，求める確率は $P(A \cup B)$ である．場合の数 $n(A \cup B)$ を求める．

　Aが起こるのは，(2)で考えた30通りのうち，白石が5個連続するのを除いた場合である．白石が5個連続するのは，両端に大黒石と黒石が入る場合で，その左右も考えて2通りある．

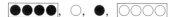

よって，Aが起こる場合の数は

$$n(A) = 30 - 2 = 28$$

　同様に

$$n(B) = 28$$

　一方，$A \cap B$ が起こるとき，大黒石と同様に，白石4個をまとめて1個とみなし，大白石と呼ぶことにする．大黒石，黒石，大白石，白石の4個の石の順列を考える．

ただし，大黒石と黒石，大白石と白石は隣り合わないから，例えば下のように，黒と白が交互に並ぶ．左端は黒でも白でも構わない．

●●●●, ○, ●, ○○○○

Point

説明しやすいように名前を付けておきます．

Point

この条件を忘れないようにしましょう．

Point

入れ方は${}_6C_2$通りではありません．

Point

黒石が4個連続して並ぶ場合も白石は5個連続してはいけません．
(P.61 **JUMP UP! 1**)

Point

大黒石も黒石も単に黒と呼んでいます．白も同様です．

　左端が黒のとき，その黒が大黒石か黒石かで2通り．次は大白石か白石かで2通り．次は残りの黒，その次は残りの白でどちらも1通り．左端が白のときも同様であるから

$$n(A \cap B) = 2 \cdot 2 \cdot 1 \cdot 1 \cdot 2 = 8$$

　よって

$$n(A \cup B) = n(A) + n(B) - n(A \cap B)$$
$$= 28 + 28 - 8 = 48$$

　求める確率は

$$P(A \cup B) = \frac{48}{252} = {}^{ウ}\frac{4}{21}$$

　$n(A \cap B)$ は他の方法でも求められます．大白石と白石を先に並べ，その間と両端の計3カ所に大黒石と黒石を入れると考えます．

　大白石と白石は隣り合いませんから，その間に大黒石と黒石のうちの一方を入れ，残りを左端か右端に入れます．

　大白石と白石の順列は2通り．間に入る黒は2通り．残りの黒を左右どちらの端に入れるかで2通り．よって

$$n(A \cap B) = 2 \cdot 2 \cdot 2 = 8$$

となります．

Point
黒石を先に並べる場合も考えて2倍してはいけません．
(P.62 JUMP UP! **2**)

JUMP UP!

1 事象 A，B の代わりに，黒石が4個連続して並び，かつ5個は連続しないという事象を C，白石が4個連続して並び，かつ5個は連続しないという事象を D として，$P(C \cup D)$ を求めてしまいそうですが，これは正しくありません．同じ色の石は5個連続してはいけないからです．C は黒石についての制限しかありませんから，白石はどんな状態でもよく，5個連続する場合も含まれます．D についても黒石が5個連続する場合を含みます．

　図のように，同じ色が5個連続しない前提で，黒石が4個連続して並ぶ，または白石が4個連続して並ぶととらえるとよいでしょう．

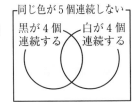

Point
◯◯＝◯＋◯−◯のイメージです．

第3章 確率（応用編）

2 💡では白を先に並べて，次に黒を入れましたが，黒を先に並べて，次に白を入れても構いません．ただし，白を先に並べた場合と黒を先に並べた場合の両方を考えて2倍するのは間違いです．

　解答の方法と混同しないことです．解答では左端が黒か白かで排反に場合分けし，どちらもともに 2·2·1·1 通りでしたから，たす代わりに2倍しています．一方，💡では排反に場合分けしているのではありません．白を先に並べても黒を先に並べても同じ順列が作れます．例えば

　　　●●●●, ○, ●, ○○○○

は白黒のどちらを先に並べても作れます．作り方が複数あるからといって同じものを重複して数えてはいけません．

　やはり，迷ったら具体例を考えてみることです．

20 確率の最大

39

APPROACH

(2)では，p_n が最大になる n を求めます．p_n の増減を調べるために，$\dfrac{p_{n+1}}{p_n}$ と 1 の大小を比べましょう．

(1) 1 回の試行で白球が取り出される確率は $\dfrac{20}{70} = \dfrac{2}{7}$ で

あるから，<u>$0 \le n \le 40$ のとき</u>

$$p_n = {}_{40}C_n \left(\frac{2}{7}\right)^n \left(\frac{5}{7}\right)^{40-n}$$

よって，<u>$0 \le n \le 39$ のとき</u>

$$\frac{p_{n+1}}{p_n} = \frac{{}_{40}C_{n+1}\left(\dfrac{2}{7}\right)^{n+1}\left(\dfrac{5}{7}\right)^{39-n}}{{}_{40}C_n\left(\dfrac{2}{7}\right)^n\left(\dfrac{5}{7}\right)^{40-n}}$$

$$= \frac{\dfrac{40-n}{n+1}\cdot\dfrac{2}{7}}{\dfrac{5}{7}} = {}^{\text{ア}}\frac{2(40-n)}{5(n+1)}$$

> **Point**
> 問題文にないですが，n には範囲があるととらえます．また p_n は反復試行の確率です．

> **Point**
> p_{n+1} に $n = 40$ は代入できませんから，除いておきます．

なお

$$\frac{{}_{40}C_{n+1}}{{}_{40}C_n} = \frac{\dfrac{40\cdot 39\cdot \cdots \cdot (41-n)(40-n)}{(n+1)!}}{\dfrac{40\cdot 39\cdot \cdots \cdot (41-n)}{n!}}$$

$$= \frac{40-n}{n+1}$$

である．

(2) $\dfrac{p_{n+1}}{p_n}$ と 1 の大小を比べる．

$$\frac{p_{n+1}}{p_n} - 1 = \frac{2(40-n)}{5(n+1)} - 1$$

$$= \frac{2(40-n)-5(n+1)}{5(n+1)} = \frac{75-7n}{5(n+1)}$$

$\dfrac{p_{n+1}}{p_n} - 1 > 0$ とすると

$$75 - 7n > 0 \qquad \therefore \quad n < \frac{75}{7} = \underline{10.7\cdots}$$

よって

$$\begin{cases} 0 \leqq n \leqq 10 \ \text{のとき} & p_n < p_{n+1} \\ 11 \leqq n \leqq 39 \ \text{のとき} & p_n > p_{n+1} \end{cases}$$

であり，まとめると

$$p_0 < p_1 < \cdots < p_{10} < p_{11}, \ p_{11} > p_{12} > \cdots > p_{39} > p_{40}$$

　ゆえに，p_n が最大になる n は $n = 11$ であり，白球が取り出される確率が最大になるのは，白球が $^{イ}11$ 個取り出されるときである．

> **Point**
> 符号の変わり目が整数ではありませんから，増加と減少の2択になります．

40

APPROACH

　$\dfrac{p_{n+1}}{p_n} - 1$ の符号の変わり目に着目しましょう．0になる場合がありますから注意が必要です．

(1) 取り出す2個の球の組合せは ${}_{n+7}C_2$ 通り．このうち，2個の球の色が異なるのは ${}_7C_1 \cdot {}_nC_1$ 通りであるから

$$p_n = \frac{{}_7C_1 \cdot {}_nC_1}{{}_{n+7}C_2} = \frac{7n}{\dfrac{(n+7)(n+6)}{2}} = \frac{14n}{(n+7)(n+6)}$$

(2) p_n の増減を調べる．

$$\begin{aligned} \frac{p_{n+1}}{p_n} - 1 &= \frac{\dfrac{14(n+1)}{(n+8)(n+7)}}{\dfrac{14n}{(n+7)(n+6)}} - 1 \\ &= \frac{(n+1)(n+6)}{n(n+8)} - 1 \\ &= \frac{(n+1)(n+6) - n(n+8)}{n(n+8)} = \frac{6-n}{n(n+8)} \end{aligned}$$

$\dfrac{p_{n+1}}{p_n} - 1 > 0$ とすると

$$6 - n > 0 \qquad \therefore \quad n < \underline{6}$$

よって

$$\begin{cases} 1 \leqq n \leqq 5 \ \text{のとき} & p_n < p_{n+1} \\ n = 6 \ \text{のとき} & p_n = p_{n+1} \\ 7 \leqq n \ \text{のとき} & p_n > p_{n+1} \end{cases}$$

であり，まとめると

> **Point**
> 符号の変わり目が整数ですから，増加，変化なし，減少の3択になります．
> (P.65 **JUMP UP!**)

$$p_1 < p_2 < \cdots < p_5 < p_6 = p_7, \quad p_7 > p_8 > \cdots$$

ゆえに，p_n が最大となる n は $n=6,\ 7$ であり，最大値は

$$p_7 = \frac{14 \cdot 7}{14 \cdot 13} = \frac{7}{13}$$

Point
p_6 も計算して検算するとよいでしょう．

JUMP UP!

　確率の最大の問題には，2 つのタイプがあります．**39**（▶P.63）のように，p_n の増減が，増加，減少の 2 択の問題は，いわゆる「逆 V 字型」で，p_n が最大になる n が 1 つしかありません．一方，今回の問題のように，p_n の増減が，増加，変化なし，減少の 3 択の問題は，いわゆる「富士山型」で，p_n が最大になる n が 2 つあります．右の図はあくまでイメージですが，特徴はとらえやすいでしょう．実際は p_n が n の 1 次関数ではないですから，グラフは直線ではありません．

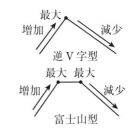

第3章　確率（応用編）

21 確率漸化式

41

　2つの箱の中の状態に着目します．両方の箱に異なる色の玉が入っているか，同じ色の玉が入っているかの2つの場合があるととらえるのが簡単です．「最後 (n 回目) で場合分け」の方法で漸化式を立てます．

(1)　p_1 は，1回の操作で箱 A，B から同じ色の玉を取り出す確率である．ともに赤玉を取り出す確率と，ともに白玉を取り出す確率の和をとり

$$p_1 = \left(\frac{1}{2}\right)^2 + \left(\frac{1}{2}\right)^2 = \frac{1}{2}$$

A，B どちらの箱かは問わない

◉ 赤玉　◯ 白玉

図1

(2)　箱 A，B のどちらにも赤玉，白玉が1個ずつ入っているという事象を X，一方の箱に赤玉が2個，もう一方の箱に白玉が2個入っているという事象を Y とする (図1)．p_n は n 回後に X が起こる確率である．

　$(n+1)$ 回後に X が起こるのは

　(i)　n 回後に X が起こり，次に $X \to X$ となる

　(ii)　n 回後に Y が起こり，次に $Y \to X$ となる

のいずれかである．

　$X \to X$ となる確率は $p_1 = \frac{1}{2}$ である．

　$Y \to X$ となるのは，2つの箱から任意の玉を1個ずつ取り出して交換する場合で，これは必ず起こるから確率は1である．

　n 回後に Y が起こる確率が $1 - p_n$ であることに注意すると

$$p_{n+1} = p_n \cdot \frac{1}{2} + (1 - p_n) \cdot 1$$

よって

$$p_{n+1} = -\frac{1}{2} p_n + 1 \quad \cdots\cdots ①$$

(3)　①は $p_{n+1} - \frac{2}{3} = -\frac{1}{2}\left(p_n - \frac{2}{3}\right)$ と変形できるから，数列 $\left\{p_n - \frac{2}{3}\right\}$ は公比 $-\frac{1}{2}$ の等比数列で

Point

箱AかBかを敢えて指定しないのがポイントです．(P.67 **JUMP UP!** **1**)

n 回後　　$n+1$ 回後

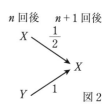

図2

Point

余事象の確率です．

Point

漸化式と $\alpha = -\frac{1}{2}\alpha + 1$ を辺ごとに引いて変形します．$\alpha = \frac{2}{3}$ です．

$$p_n - \frac{2}{3} = \left(p_1 - \frac{2}{3}\right)\left(-\frac{1}{2}\right)^{n-1} = -\frac{1}{6}\left(-\frac{1}{2}\right)^{n-1} = \frac{1}{3}\left(-\frac{1}{2}\right)^n$$

よって

$$p_n = \frac{1}{3}\left\{2 + \left(-\frac{1}{2}\right)^n\right\}$$

Point
初項は p_1 の代わりに
p_0 を用いてもよいです.
(P.68 JUMP UP! **2**)

JUMP UP!

1 事象をどう設定するかで手数が変わります. 細かく設定するなら, 箱 A, B のどちらにも赤玉, 白玉が 1 個ずつ入っているという事象を X, 箱Aに赤玉が 2 個, 箱Bに白玉が 2 個入っているという事象を Z, 箱Aに白玉が 2 個, 箱Bに赤玉が 2 個入っているという事象を W とし, また, n 回後に Z, W が起こる確率をそれぞれ q_n, r_n とします. n 回後, 必ず X または Z または W が起こることから

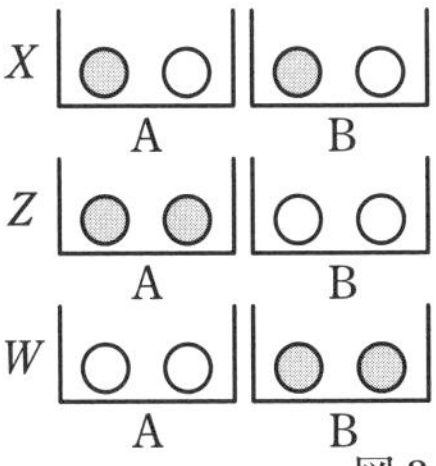

$$p_n + q_n + r_n = 1 \quad \cdots\cdots \text{Ⓐ}$$

図3

です. 一方, 解答と同様に「最後で場合分け」(推移図は図4)で

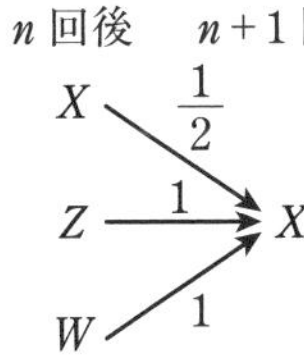

$$p_{n+1} = p_n \cdot \frac{1}{2} + q_n \cdot 1 + r_n \cdot 1 = \frac{1}{2}p_n + (q_n + r_n)$$

が得られます. Ⓐより $q_n + r_n = 1 - p_n$ ですから

$$p_{n+1} = \frac{1}{2}p_n + (1 - p_n) \qquad \therefore \quad p_{n+1} = -\frac{1}{2}p_n + 1$$

図4

となります.

ただ, 「次への確率が同じであれば事象はまとめられる」(▶本冊 P.81)ことに注意すると, 図5のように Z と W はまとめられます. それを Y としたのが解答の方法です. 事象を設定するときに, どちらの箱に赤玉が 2 個入っているかを区別する必要はありません. 単に一方の箱に赤玉が 2 個入っているととらえる方が事象の数も減り, また, 新たに確率を設定しなくてもよいですから, シンプルに解けるのです.

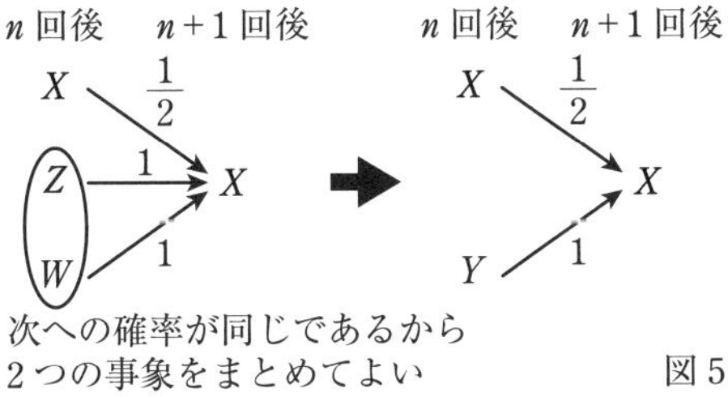

次への確率が同じであるから
2つの事象をまとめてよい
図5

第3章 確率（応用編）

2 p_1 の代わりに p_0 を用いるのも有効です．最初（試行を行っていない，すなわち 0 回後）は必ず X が起こっていますから，$p_0=1$ とみなします．解答の推移図（図 2）は $n=0$ のときも正しいですから，漸化式①は $n\geqq0$ で成り立ちます．よって

$$p_n-\frac{2}{3}=\left(p_0-\frac{2}{3}\right)\left(-\frac{1}{2}\right)^n=\frac{1}{3}\left(-\frac{1}{2}\right)^n$$

と計算できます．

　なお，数列の話ですが，等比数列は番号が 1 増えると公比を 1 回かける数列です．例えば，数列 $\{a_n\}$ が公比 r の等比数列であるとします．一般項は

$$a_n=a_1r^{n-1}$$

となりますが，これは丸暗記する必要はありません．ほぼ自明な式です．図 6 のように番号の変化量に着目しましょう．a_1 を使って a_n を表すには，番号が $(n-1)$ だけ増えますから，公比 r を $(n-1)$ 回かけます．同様に，a_0 を使って a_n を表すには，公比を n 回かけます．

$$a_n=a_1\,r^{n-1}$$
$$\underset{+(n-1)}{}$$

$$a_n=a_0\,r^n$$
$$\underset{+n}{}$$

等比数列では
番号が増えた分だけ
公比をかける
図 6

42

\\APPROACH/

　n 秒後に U が点 A にあるような移動の仕方はすべて把握できません．直接考えにくいですから，漸化式を立てます．対等な点はまとめて扱い，それらに U が n 秒後にいる確率を設定して連立漸化式を立てます．

点 B_1，B_2，B_3，B_4 をまとめて B と書き，点 C_1，C_2，C_3，C_4 をまとめて C と書く．

　n 秒後に U が B，C にある確率をそれぞれ b_n，c_n とおくと，$b_0=c_0=0$ であり

　　$a_n+b_n+c_n=1$ ……①

推移図を描いて考える．

Point
対等な点をまとめます．
(P.69 JUMP UP! **1**)

Point
n 秒後に U は A，B，C のどこかにいますから，確率の和は 1 です．

Point
確率 0 の矢印は省略してもよいです．

　n 秒後　$n+1$ 秒後　　n 秒後　$n+1$ 秒後　　n 秒後　$n+1$ 秒後

$(n+1)$ 秒後にUが点Aにいるのは，n 秒後に点Bにいて，次にAに移動する $\left(\text{確率は } \dfrac{1}{5}\right)$ 場合であるから

$$a_{n+1}=b_n\cdot\frac{1}{5}\qquad\therefore\quad a_{n+1}=\frac{1}{5}b_n\quad\cdots\cdots②$$

同様に

$$b_{n+1}=a_n\cdot1+b_n\cdot\frac{2}{5}+c_n\cdot1\qquad\therefore\quad b_{n+1}=a_n+\frac{2}{5}b_n+c_n\quad\cdots\cdots③$$

$$c_{n+1}=b_n\cdot\frac{2}{5}\qquad\therefore\quad c_{n+1}=\frac{2}{5}b_n\quad\cdots\cdots④$$

Point
④は今回の解答では不要です。
(P.69 JUMP UP! 2)

①より $a_n+c_n=1-b_n$ であるから，③に代入し

$$b_{n+1}=\frac{2}{5}b_n+(1-b_n)$$

$$b_{n+1}=-\frac{3}{5}b_n+1$$

これは $b_{n+1}-\dfrac{5}{8}=-\dfrac{3}{5}\left(b_n-\dfrac{5}{8}\right)$ と変形できるから，数列 $\left\{b_n-\dfrac{5}{8}\right\}$ は公比 $-\dfrac{3}{5}$ の等比数列で

Point
漸化式と $\alpha=-\dfrac{3}{5}\alpha+1$ を辺ごとに引いて変形します。$\alpha=\dfrac{5}{8}$ です。

$$b_n-\frac{5}{8}=\left(b_0-\frac{5}{8}\right)\left(-\frac{3}{5}\right)^n=-\frac{5}{8}\left(-\frac{3}{5}\right)^n$$

$$b_n=\frac{5}{8}\left\{1-\left(-\frac{3}{5}\right)^n\right\}$$

②で n の代わりに $n-1$ とすると，$n\geqq1$ のとき

$$a_n=\frac{1}{5}b_{n-1}=\frac{1}{8}\left\{1-\left(-\frac{3}{5}\right)^{n-1}\right\}$$

Point
②は $n\geqq0$ で成り立ちますから，番号を1ずらすと $n-1\geqq0$ です。結果の式は $n=0$ では成立しません。

JUMP UP!

1 点 B_1, B_2, B_3, B_4 や点 C_1, C_2, C_3, C_4 が図形的に対等な位置にあるのは明らかでしょう．厳密には，次への確率が求まるのであれば事象はまとめてもよいです．例えば，点 B_1, B_2, B_3, B_4 のどこにいようとも，次に点 C_1, C_2, C_3, C_4 のいずれかに移動する確率は $\dfrac{2}{5}$ です．これを単にB→Cの確率が $\dfrac{2}{5}$ であるととらえます．同様に，他の移動についてもすべて確率が求まりますから，B，Cとまとめてもよいのです．

結果，A，B，Cの3つのグループ間の推移を考えることになります．

2 今回は確率の和が1の式①を使っていますから，④を使わなくても a_n が求まります．結果的に④を答案に書く必要はありませんが，どの式が必要

で，どの式はいらないかは，全部式を立ててから分かることです．すべて立式して考えるのが実戦的です．

④を使う方法もあります．②，④を $a_{n+1}+b_{n+1}+c_{n+1}=1$ に代入します．

$$\frac{1}{5}b_n+b_{n+1}+\frac{2}{5}b_n=1 \qquad \therefore \quad b_{n+1}=-\frac{3}{5}b_n+1$$

以下同様です．

22　期待値

(43)

APPROACH

(3)で期待値を計算します．(1)で求めていない確率を計算し，確率の表を完成させましょう．

(1)　8個の玉をすべて区別して考える．

$P(2)$ は2個連続で同じ番号の玉を取り出す確率である．1個目は任意の玉を取り出し，2個目は残り7個の中から1個目と同じ番号の玉（1通り）を取り出すから

$$P(2)=1\cdot\frac{1}{7}=\frac{1}{7}$$

Point 確率をかけていく方法です．$\frac{(場合の数)}{(全事象)}$ の方法で $\frac{8\cdot1}{8\cdot7}$ でもよいです．他も同様です．

$P(3)$ は2個目までは異なる番号の玉を取り出し，次にそのどちらかと同じ番号の玉を取り出す確率である．1個目は任意の玉を取り出し，2個目は残り7個の中から1個目と異なる番号の玉（6通り）を取り出し，3個目は残り6個の中から2個目までのいずれかと同じ番号の玉（2通り）を取り出すから

$$P(3)=1\cdot\frac{6}{7}\cdot\frac{2}{6}=\frac{2}{7}$$

(2)　[証明]　異なる番号は4種類であるから，玉を5個取り出すと，少なくとも1組同じ番号の玉が取り出される．よって，操作が終わるまでに取り出される玉の個数は5以下であり，$k\geq6$ のとき $P(k)=0$ である．

Point 「部屋割り論法」という名前が付いています．

(3)　$P(4)$，$P(5)$ を求める．

$P(4)$ は3個目までは異なる番号の玉を取り出し，次にそのどれかと同じ番号の玉を取り出す確率である．

Point 必要な確率をすべて計算し，確率の表を完成させます．

1個目は任意の玉を取り出し，2個目は残り7個の中から1個目と異なる番号の玉（6通り）を取り出し，3個目は残り6個の中から2個目までと異なる番号の

玉（4通り）を取り出し，4個目は残り5個の中から3個目までのいずれかと同じ番号の玉（3通り）を取り出すから

$$P(4)=1 \cdot \frac{6}{7} \cdot \frac{4}{6} \cdot \frac{3}{5}=\frac{12}{35}$$

同様に

$$P(5)=1 \cdot \frac{6}{7} \cdot \frac{4}{6} \cdot \frac{2}{5} \cdot \frac{4}{4}=\frac{8}{35}$$

求める期待値は

$$\frac{2 \cdot 5+3 \cdot 10+4 \cdot 12+5 \cdot 8}{35}$$

$$=\frac{10+30+48+40}{35}=\frac{128}{35}$$

n	2	3	4	5	計
$P(n)$	$\frac{5}{35}$	$\frac{10}{35}$	$\frac{12}{35}$	$\frac{8}{35}$	1

Point

通分しておきます．確率の和が1になることを確認しましょう．

第3章　確率（応用編）

Obunsha